Ethik in den Biowissenschaften –
Sachstandsberichte des DRZE

Band 13: Gentechnik in der Lebensmittelproduktion

*Im Auftrag des
Deutschen Referenzzentrums für Ethik in den Biowissenschaften*

herausgegeben von
Dieter Sturma, Dirk Lanzerath und Bert Heinrichs

www.drze.de

VERLAG KARL ALBER

Der Umgang mit Lebensmitteln ist eine kulturelle Praxis. Die Prozesse der Gewinnung und Zubereitung von Nahrung begleiten die humane Lebensform seit ihren Anfängen. Lebensmittel sind Resultate der Aneignung und Umwandlung von zunächst natürlich Gegebenem. Diese Kultivierung umfasst andere animalische Lebensformen genauso wie Pflanzen und das umgebende Land. Während diese Verfahren in früheren Zeiten eng mit den jeweiligen sozialen Lebensweisen verbunden gewesen sind, ist es als Folge moderner arbeitsteiliger Prozesse auch bei der Lebensmittelherstellung längst zu einer Verselbständigung von Produktion und Konsum gekommen. Die Bioethik widmet der Umsetzung von Biotechniken im sozialen Raum besondere Aufmerksamkeit. Der Einsatz von Gentechnik in der Lebensmittelproduktion gehört gegenwärtig zu den umstrittensten Biotechniken. Ihr Anwendungsbereich umfasst Mikroorganismen, Pflanzen und Tiere. Der vorliegende Band stellt die naturwissenschaftlichen, rechtlichen und ethischen Problemstellungen vor, die sich beim Einsatz der Gentechnik in der Lebensmittelproduktion einstellen.

The exposure to foods is part of a cultural practice. The process of obtaining and preparing food accompanies the human life form since its outset. Foods are the result of an appropriation and conversion of something initially natural. This includes the cultivation of animal life forms as well as crops and the environment. In the past, these cultivating procedures used to be closely connected to particular social ways of life. As a consequence of modern developments of division of labor, there has taken place an achievement of independence in production and consumption of foods. Bioethics is especially observant of the implementation of bioengineering in the social space. The use of genetic engineering in the food production is currently considered as one of the most contentious forms of bioengineering. Its scope of application includes microorganisms, plants and animals. The present expert report outlines the scientific, legal and ethical ways of looking at the problem concerning the use of genetic engineering in food production.

*Klaus-Dieter Jany / Rudolf Streinz /
Lisa Tambornino*

Gentechnik in der Lebensmittelproduktion

Naturwissenschaftliche, rechtliche und ethische Aspekte

Verlag Karl Alber Freiburg / München

Diese Publikation wird als Vorhaben der Nordrhein-Westfälischen Akademie der Wissenschaften und der Künste im Rahmen des Akademienprogramms von der Bundesrepublik Deutschland und dem Land Nordrhein-Westfalen gefördert.

Originalausgabe

© VERLAG KARL ALBER
in der Verlag Herder GmbH, Freiburg im Breisgau 2011
Alle Rechte vorbehalten
www.verlag-alber.de

Redaktion: Simone Hornbergs-Schwetzel, Minou Friele und Lisa Tambornino
unter Mitarbeit von Andrea Wille, Katharina Campe und Bastian Reichardt

Satz: SatzWeise, Föhren
Druck und Bindung: Difo-Druck, Bamberg

Gedruckt auf alterungsbeständigem Papier (säurefrei)
Printed on acid-free paper
Printed in Germany

ISBN 978-3-495-48455-5

Inhalt

Vorwort 11

I. Naturwissenschaftliche Aspekte der Gentechnik
   in der Lebensmittelproduktion 13
   Klaus-Dieter Jany

1. Einleitung 13
2. Gentechnik in der Lebensmittelproduktion – Statusaufnahme 18
   2.1 Überblick über die Industrialisierung der Lebensmittel-
       produktion in Europa 18
   2.2 Die Differenzierung nach Eintrittspfaden in die Lebensmittel-
       produktion 20
       2.2.1 Eintrittspfad A: Einsatz gentechnischer Modifikationen
             zur Optimierung landwirtschaftlicher Produktionswege 21
       2.2.2 Eintrittspfad B: Einsatz gentechnisch veränderter
             Organismen zur Optimierung der Produktion in den
             Bereichen Futtermittel und Lebensmittel 22
             2.2.2.1 Futtermittelherstellung 22
             2.2.2.2 Lebensmittelproduktion 23
                     2.2.2.2.1 Enzyme 24
                     2.2.2.2.2 Aromen 28
                     2.2.2.2.3 Vitamine 29
                     2.2.2.2.4 Sonstige Zusatzstoffe 29
                     2.2.2.2.5 Mikroorganismen als Starter- und
                               Schutzkulturen 31
       2.2.3 Eintrittspfad C: Gentechnisch veränderte Lebensmittel
             mit erwünschtem / behauptetem Zusatznutzen für
             Verbraucher 32
   2.3 Stand der Zulassung und Anbau gentechnisch veränderter
       Pflanzen für den Lebensmittelbereich 38

Inhalt

3.	Naturwissenschaftliche Sicherheitsbewertungen des Einsatzes der Gentechnik in der Lebensmittelproduktion	39
3.1	Grundlegende Aspekte für eine naturwissenschaftliche Sicherheitsbewertung	40
3.1.1	Schwellen-, Grenz- und Toxizitätswerte	40
3.1.2	Vorsorgeprinzip	41
3.1.3	Vergleichender Ansatz	42
3.2	Lebensmittelsicherheit aus der Perspektive der Lebensmittelindustrie	43
Tabellen		45
Literaturverzeichnis		53
Richtlinien und Verordnungen		55

II. Rechtliche Aspekte   57
Rudolf Streinz

1.	Einführung	57
2.	Die Regelungsbedürftigkeit der Grünen Gentechnik	58
3.	Überblick über die Entwicklung der gemeinschaftsrechtlichen (jetzt unionsrechtlichen) und der deutschen Regelungen	59
3.1	GVO-System- und GVO-Freisetzungsrichtlinie der EG	59
3.2	Novel Food-Verordnung der EG	60
3.3	Sonderregelungen für GVO-Lebensmittel	60
3.4	Deutsche Regelungen	62
3.4.1	Gentechnikgesetz und EG-Gentechnik-Durchführungsgesetz	62
3.4.2	Neuartige Lebensmittel und Lebensmittelzutaten-Verordnung	62
4.	Die Regelungen der EU über gentechnisch veränderte Lebensmittel	63
4.1	Die EG-Verordnung über genetisch veränderte Lebensmittel und Futtermittel (GennahrungsmittelVO)	63
4.1.1	Überblick	63
4.1.2	Anwendungsbereich	64
4.1.3	Anforderungen an gentechnisch veränderte Lebensmittel und Futtermittel	65

Inhalt

4.1.4	Zulassung gentechnisch veränderter Lebensmittel und Futtermittel	66
4.1.4.1	Zulassungserfordernis	66
4.1.4.2	Zulassungsverfahren	66
4.1.5	Kennzeichnung gentechnisch veränderter Lebensmittel und Futtermittel	71
4.1.6	Überwachung gentechnisch veränderter Lebensmittel und Futtermittel	74
4.2	Die EG-Verordnung über die Rückverfolgbarkeit und Kennzeichnung von genetisch veränderten Organismen und von aus genetisch veränderten Organismen hergestellten Lebensmitteln und Futtermitteln	74
4.2.1	Ziel der Verordnung	74
4.2.2	Kennzeichnung gentechnisch veränderter Lebensmittel und Futtermittel	75
4.2.3	Rückverfolgbarkeit gentechnisch veränderter Lebensmittel und Futtermittel	76
4.3	Die EG-Freisetzungsrichtlinie	77
5.	Ergänzende Regelungen im deutschen Recht	78
5.1	Gentechnikgesetz	78
5.2	EG-Gentechnik-Durchführungsgesetz	78
6.	Negativkennzeichnung – »Gentechnikfrei« – »Ohne Gentechnik«	79
7.	Sanktionen	82
8.	Völkerrecht	83
8.1	Cartagena Protokoll	83
8.2	Welthandelsrecht	84
9.	Das Problem der Koexistenz von gentechnisch veränderten Lebensmitteln und Futtermitteln und herkömmlichen bzw. aus ökologischem Anbau stammenden Lebensmitteln und Futtermitteln	86
10.	Nationale Alleingänge	88
10.1	Zulässigkeit	88
10.2	Praxisbeispiel Oberösterreich	89
11.	Gentechnisch veränderte Lebensmittel und Futtermittel in der Praxis	92
11.1	Stand der Genehmigungsverfahren	92
11.2	Rechtsschutz	92

Inhalt

11.3 Akzeptanzprobleme ... 93
12. Ausblick ... 94
Literaturverzeichnis ... 95
Internationale Vereinbarungen ... 95
Dokumente der Europäischen Kommission ... 95
Zitierte Gesetze und Verordnungen ... 98
Rechtsprechung ... 99
Weitere Literatur ... 100

III. **Ethische Aspekte der Gentechnik in der Lebensmittelproduktion** 105
Lisa Tambornino

Einleitung 105

1. Gentechnisch veränderte Lebensmittel als Gegenstand der ethischen Analyse ... 106
  1.1 Biotechnik, Gentechnik und klassische Züchtung ... 107
  1.2 Die gesellschaftliche Akzeptanz gentechnisch veränderter Lebensmittel ... 111
  1.3 Die Rolle der Ethik ... 113

2. Ziel-Mittel-Analyse ... 115
  2.1 Ziele, die mit gentechnisch veränderten Lebensmitteln verfolgt werden ... 116
  2.2 Gentechnik als Mittel und die Realistik der Ziele ... 118
  2.3 Zusammenfassung ... 120

3. Risikoanalyse ... 120
  3.1 Risikoabschätzung ... 121
    3.1.1 Begriffsbestimmung »Risiko« ... 121
    3.1.2 Risiko versus Gefahr ... 122
    3.1.3 Das additive und das synergistische Risikokonzept ... 123
    3.1.4 Das Kriterium der substanziellen Äquivalenz ... 126
  3.2 Risikobewertung ... 128
    3.2.1 Das Vorsorgeprinzip ... 129
    3.2.2 Informierte Einwilligung und Kennzeichnungspflicht ... 132
    3.2.3 Risiko und Nutzen in einzelnen Bereichen ... 134
  3.3 Zusammenfassung ... 137

4.	Gentechnisch veränderte Lebensmittel als Eingriff in die Natur	138
4.1	Anthropozentrismus versus Physiozentrismus	138
	4.1.1 Anthropozentrische Argumente für den Schutz der Natur	139
	4.1.2 Physiozentrische Argumente für den Schutz der Natur	141
4.2	Lebensmittel als Mittel zum Leben	143
4.3	Der gentechnische Eingriff im Vergleich zu anderen Eingriffen in die Natur	146
4.4	Die Frage nach der Patentierbarkeit von Natur	147
4.5	Zusammenfassung	149
5.	Ausblick	149
Literaturverzeichnis		151
Hinweise zu den Autoren und Herausgebern		160

Vorwort

Der Umgang mit Lebensmitteln ist eine kulturelle Praxis. Die Prozesse der Gewinnung und Zubereitung von Nahrung begleiten die humane Lebensform seit ihren Anfängen. Lebensmittel sind Resultate der Aneignung und Umwandlung von zunächst natürlich Gegebenem. Diese Kultivierung umfasst andere animalische Lebensformen genauso wie Pflanzen und das umgebende Land. Während diese Verfahren in früheren Zeiten eng mit den jeweiligen sozialen Lebensweisen verbunden gewesen sind, ist es als Folge moderner arbeitsteiliger Prozesse auch bei der Lebensmittelherstellung längst zu einer Verselbständigung von Produktion und Konsum gekommen.

Die Bioethik widmet der Umsetzung von Biotechniken im sozialen Raum besondere Aufmerksamkeit. Der Einsatz von Gentechnik in der Lebensmittelproduktion gehört gegenwärtig zu den umstrittensten Biotechniken. Ihr Anwendungsbereich umfasst Mikroorganismen, Pflanzen und Tiere. Der Einsatz von Gentechnik bei der Lebensmittelproduktion stellt im Vergleich mit herkömmlichen Züchtungen durch Auslese oder Kombination sowohl einen kulturellen wie technischen Einschnitt dar. Das gilt vor allem für das Überschreiten der Artgrenzen durch das Einbringen von Erbanlagen artfremder Organismen. Mit der neuen Technik sollen auch im Bereich der Lebensmittelproduktion Zufälligkeiten des Naturwüchsigen durch gezielte Eingriffe zurückgedrängt werden.

In der Bioethik müssen Entscheidungen darüber herbeigeführt werden, ob der anthropozentrische oder der biozentrische Standpunkt einzunehmen ist, wenn es um Veränderungen der Natur geht. Im Fall der gentechnischen Veränderung von Lebensmitteln ist in der Praxis dem anthropozentrischen Standpunkt ersichtlich der Vorrang vor dem biozentrischen Standpunkt zugewiesen worden. Es geht in der Regel allein um den Nutzen für den Menschen. Allerdings muss schon die Bewertung des Nutzens unter Bedingungen epistemischer Unsicherheit vollzogen werden. In der Forschung ist umstritten, wie sich insbesondere der Einsatz transgener Pflanzen auf den Menschen und seine Umwelt auswirken.

Vorwort

Die gentechnischen Eingriffe können dann als gerechtfertigt gelten, wenn sie in ihrer Durchführung transparent sind, allenfalls ein geringes Risiko darstellen sowie in ihrem Mitteleinsatz und in ihren Handlungszielen als gut begründet gelten können. Doch schon bei der in der Risikobewertung eher unproblematischen Transparenzforderung ergeben sich grundsätzliche Probleme im Zusammenhang mit der Umsetzung einer umfassenden Kennzeichnungspflicht.

Bei der ethischen Bewertung des gentechnischen Einsatzes in der Lebensmittelproduktion kann nicht ohne weiteres auf Natürlichkeitsargumente zurückgegriffen werden. Denn der evaluative Vergleich hat sich an herkömmlichen Veränderungen der Natur durch Züchtungen zu orientieren – nicht an Naturzuständen jenseits der Kultur. Solche Zustände liegen weit jenseits der modernen Lebensmittelproduktion und befinden sich mittlerweile außerhalb des Bereichs der Handlungsoptionen.

Es wird oft angenommen, dass mit der Gentechnik spezifische Gefährdungen einhergehen, die bei herkömmlichen Züchtungsformen nicht zu finden sind. Das gelte vor allem für direkte und indirekte Auswirkungen auf den menschlichen Organismus und Organismen überhaupt. Auch herrscht keine Einmütigkeit über die Ziele der Gentechnik in der Lebensmittelproduktion. Es erscheint als fraglich, ob gentechnisch bedingte Steigerungen landwirtschaftlicher Erträge die schlechte Ernährungssituation in der sogenannten *Dritten Welt* wirklich lösen können, zumal sich auf diese Weise neue ökonomische Abhängigkeiten einstellen. Die Ursachen für die schlechte Ernährungssituation werden vielmehr in sozialen und politischen Missständen gesehen.

Der Einsatz von gentechnisch veränderten Organismen bei der Lebensmittelherstellung ist im europäischen Raum nach wie vor umstritten. Dieser Umstand hat sich in einer Vielzahl rechtlicher Regelungen ausgewirkt – etwa der *Novel-Food-Verordnung*, dem *Deutschen Gesetz zur Regelung der Gentechnik*, der *EG-Gennahrungsmittelverordnung* und der *EG-Kennzeichnungs- und Rückverfolgbarkeitsverordnung*. Auch ist es aufgrund neuerer Risikobewertung zur Rücknahme von Genehmigungen gekommen.

Der vorliegende Band stellt die naturwissenschaftlichen, rechtlichen und ethischen Problemstellungen vor, die sich beim Einsatz der Gentechnik in der Lebensmittelproduktion einstellen. Der zeitliche Rahmen des Sachstandsberichts reicht bis zum Ende des Jahres 2010.

Dieter Sturma

I. Naturwissenschaftliche Aspekte der Gentechnik in der Lebensmittelproduktion

Klaus-Dieter Jany

1. Einleitung[1]

Nicht allein in Deutschland, sondern auch im europäischen Ausland und zunehmend in den Vereinigten Staaten von Amerika (USA) wird seit langem über die Nutzung von gentechnisch veränderten Kulturpflanzen gestritten. In den ersten Jahren standen vor allem gesundheitliche und ökologische Risiken im Vordergrund der kritischen Diskussion. Seit einigen Jahren rückt jedoch die potenzielle Beschränkung einer gentechnikfreien landwirtschaftlichen Produktion durch das mögliche Vordringen einer die Gentechnik nutzenden Landwirtschaft auch in der vergleichsweise kleinräumigen landwirtschaftlichen Struktur z.b. in Deutschland, Österreich und der Schweiz in den Vordergrund. Potenzielle Gefährdungen oder zumindest Risikoexpositionen der Verbraucher kommen im Kontext der Debatte über die sogenannte *Grüne Gentechnik* nur mittelbar in den Blick und auch erst dann, wenn es um Lebensmittel aus gentechnisch veränderten Organismen (GVO) geht. Öffentlich wird in dieser Hinsicht auf Meinungsumfragen Bezug genommen, die zu bestätigen scheinen, dass die überwiegende Mehrheit der bundesdeutschen Bevölkerung den Verzehr gentechnisch veränderter Lebensmittel ablehne.[2] Tatsächlich kann man beobachten, dass im Blick auf eine Akzeptanz / Nicht-Akzeptanz der Bevölkerung mit Umfragen und Gegen-Umfragen operiert wird – mit der Suggestion, Mehrheiten seien eben nicht stabil, sondern variierten.

Gesellschaftliche Kontroversen um den Einsatz der Gentechnik in der Lebensmittelproduktion werden regelmäßig zwischen Befürwortern und Kritikern ausgetragen, wobei sich fachliche Experten auf beiden Seiten finden – unterschieden dadurch, dass sie wissenschaftliche Daten unter-

---

[1] Der naturwissenschaftliche Teil des vorliegenden Sachstandsberichts baut teilweise auf Vorarbeiten von Dr. Roger Jürgen Busch auf. An der Entstehung dieser Vorarbeiten waren außerdem Mirjam Krebs und Herwig Grimm beteiligt.
[2] Hierzu z.B. Eurobarometer 2010; Emnid 2003.

schiedlich werten und unterschiedliche Zugangswege zum Thema beschreiten. Die Kontroverse findet wiederum regelmäßig zwischen den Sachwaltern dieser Positionen statt, wobei Kritiker beanspruchen, Vertreter einer öffentlichen Moral zu sein und damit an Stelle der Bürgerinnen und Bürger – oder zumindest einer signifikanten Mehrheit bzw. einer unbedingt zu schützenden Minderheit – zu agieren. Angesichts der fachlichen Komplexität des Themenfeldes und des Umstandes, dass eine deutliche Mehrheit der europäischen Bevölkerung von sich selbst behauptet, nur sehr wenig über naturwissenschaftliche Zusammenhänge der Gentechnik zu wissen,[3] erscheint eine solche Delegation an Sachwaltern nachvollziehbar. Gleichwohl erscheint es unverzichtbar, einen möglichst strukturierten Überblick über die Anwendungsbereiche der Technik zu geben, wenn ethische oder politische Entscheidungen zu fällen sind. Dabei wird es nicht allein um gentechnisch veränderte Lebensmittel gehen, die auf dem bundesdeutschen Markt derzeit kaum erhältlich sind, sondern um den erweiterten Bereich der Nutzung gentechnischer Verfahren in der Lebensmittelproduktion, die teilweise eine Kennzeichnung erforderlich machen, teilweise unterhalb der Kennzeichnungsschwelle liegen und teilweise überhaupt keiner Kennzeichnungspflicht obliegen und auf diese Weise für die Verbraucherinnen und Verbraucher nicht erkennbar sind. In diesem Zusammenhang ist zu berücksichtigen, dass die industrielle / gewerbliche Lebensmittelproduktion in weltweite Rohstoffströme und Warenströme eingebunden ist. Insofern würde es die Komplexität des Produktionssystems ausblenden, allein z. B. die Produktion von Rohstoffen und Lebensmittelbestandteilen in Deutschland zu betrachten, um Auskunft über den Stand der Anwendung gentechnischer Verfahren in der Lebensmittelproduktion zu erhalten. Zudem werden die nationalen gesetzlichen Regulierungen weitgehend durch die Europäische Union vorgegeben. Hier muss auf die entsprechenden, zumeist englischsprachigen Texte zurückgegriffen werden, die teilweise im Original zitiert werden.

Ein Problem, das sich bei der Erstellung des vorliegenden Überblicks ergab, sei nicht verschwiegen: die Verfügbarkeit bzw. Zugänglichkeit einiger Daten. Augenscheinlich spricht die Lebensmittelwirtschaft nicht gerne über Gentechnik. Stattdessen werden andere, umschreibende Begriffe wie »Biotechnologie« oder »moderne Biotechnologie« verwendet, die der Sache nach jedoch weiter gefasst sind als »Gentechnik«.

Hilfreich waren insbesondere die Datenbanken von TransGen[4] und der

---

[3] Hierzu Eurobarometer 2003.
[4] URL http://www.transgen.de/home/ [07. Dezember 2010].

Einleitung

Bericht des Büros für Technikfolgenabschätzung beim Deutschen Bundestag, der vom *Fraunhofer-Institut für System- und Innovationsforschung* angefertigt und im Jahr 2006 publiziert wurde. Die weiteren genutzten Quellen sind ebenfalls überwiegend online verfügbar – ein Indikator dafür, dass auch die gesellschaftlich / politische und selbst die ethische Auseinandersetzung zeitnah erfolgt und sich erst verzögert in Buchpublikationen niederschlägt.

Begriffsklärung und notwendige Differenzierungen

Die gesellschaftliche / politische Diskussion um die Gentechnik ist seit wenigstens fünf Jahren beeinflusst durch eine gewisse Begriffsverwirrung. Die einen sprechen nach wie vor von »Gentechnik«, andere haben den Begriff durch »Biotechnologie« ersetzt – ein mutmaßlich kommunikatives Manöver, das ihnen dienlich erscheint, um die Gentechnik im weiteren Feld biotechnologischer Verfahren relativierend zum Thema zu machen. Dies wurde bereits 1993 von der *Organisation for Economic Co-operation and Development* (OECD) eingeleitet. Zwischenzeitlich beziehen sich alle Berichte auf »modern biotechnology«. Dabei ist die Verwendung des Begriffs »Biotechnologie« nicht per se irreführend, nur muss berücksichtigt werden, dass in die Definition von »Biotechnologie« durch das Cartagena Protokoll zur Biologischen Sicherheit aus dem Jahre 2000[5] die Gentechnik ausdrücklich einbezogen ist. Hierauf bezieht sich auch die Definition von »biotechnology« durch die Codex Alimentarius Commission der *World Health Organisation* (WHO): »Modern Biotechnology is defined as the application of (i) in vitro nucleic acid techniques, including recombinant desoxyribonucleic acid (DNA) and direct injection of nucleic acid into cells or organelles, or (ii) fusion of cells beyond the taxonomic family, that overcome natural physiological reproductive or recombination barriers, and that are not techniques used in traditional breeding and selection.«[6]

Die Gentechnik ist ein Teilgebiet der Biotechnologie. Biotechnologie ist die integrierte Anwendung verschiedener Wissenschaften, wie Biochemie, Mikrobiologie, Zellbiologie und Verfahrenstechnik mit dem Ziel, die technische Anwendung des Potenzials der Mikroorganismen, Zell- und

---

[5] Convention on Biological Diversity (CBD): Cartagena Protocol on Biosafety. URL http://www.biodiv.org/biosafety/ [01. Dezember 2010].
[6] WHO 2005.

Gewebekulturen sowie Teilen hiervon zu realisieren. Im Folgenden wird um der Transparenz willen weiterhin von »Gentechnik« gesprochen.

Die WHO-Studie »Modern Food Biotechnology, Human Health And Development: An Evidence-based Study«[7] aus dem Jahr 2005 kategorisiert Lebensmittel, die nach der oben genannten Definition durch moderne Biotechnologie entstanden sind in vier Gruppen:

»1. Foods consisting of or containing living/viable organisms, e. g. maize.
2. Foods derived from or containing ingredients derived from GMOs, e. g. flour, food protein products, or oil from GM soybeans.
3. Foods containing single ingredients or additives produced by GM microorganisms (GMMs), e. g. colours, vitamins and essential amino acids.
4. Foods containing ingredients processed by enzymes produced through GMMs, e. g. high-fructose corn syrup produced from starch, using the enzyme glucose isomerase (product of a GMM).«[8]

Eine sehr ähnliche Einteilung der Lebensmittel, die aus oder mit Hilfe von gentechnisch veränderten Organismen (GVO) hergestellt werden, findet sich in der Europäischen Gesetzgebung.[9] Hier erfolgt die Unterteilung in:

- zur Verwendung als Lebensmittel / in Lebensmittel bestimmte GVO,
- Lebensmittel, die GVO enthalten oder aus solchen bestehen,
- Lebensmittel, die aus GVO hergestellt werden oder Zutaten enthalten, die aus GVO hergestellt werden.

Diese Differenzierung erscheint sachlich sinnvoll – schon um den Intensitätsgrad des gentechnischen Eingriffs zu differenzieren und entsprechend bewerten zu können.

Es gibt auch andere sinnvolle Anknüpfungspunkte für eine Darstellung der Gentechnik in der Lebensmittelproduktion: zum einen die Erläuterung der Technologie und ihrer Anwendungsbereiche, zum anderen die rechtliche Kennzeichnungsverpflichtung entsprechend modifizierter Produkte. Diese Darstellung würde abbilden, dass der Einsatz der Gentechnik in der Lebensmittelproduktion nicht zuletzt durch den nennenswerten Widerstand kritischer Akteure und von Nichtregierungsorganisationen (*non-governmental organisations*, NGOs) zum Gegenstand gesellschaftlicher Diskurse und politisch-rechtlicher Regulierung wurde.

Um einen Überblick über den Einsatz gentechnischer Verfahren in der

---

[7] WHO 2005.
[8] WHO 2005: 3.
[9] VO 1829/2003.

Einleitung

Lebensmittelproduktion zu erhalten, ist es jedoch möglicherweise noch aufschlussreicher, verschiedene Eintrittspfade der Gentechnik in die Lebensmittelproduktion zu differenzieren, die in unterschiedlicher Weise für eine Kennzeichnungspflicht relevant sind. Von Eintrittspfaden wird im Folgenden gesprochen, weil es so möglich ist, die Bedeutung der Gentechnik in der Lebensmittelproduktion aus der Perspektive der Verbraucher zu sehen. Sie sind es, die mit der neuen Technologie konfrontiert werden und dies bislang in der Regel nicht frei gewählt haben. Dies bedeutet nicht, dass dieses Konfrontiert-Sein zugleich und zwangsläufig eine Bedrohung für die Verbraucher darstellen muss. In jedem Falle aber erzeugt es gesellschaftlichen Diskussionsbedarf.

Die zu unterscheidenden Eintrittspfade der Gentechnik in die Lebensmittelproduktion sind drei Gruppen zuzuordnen:

Gruppe A: Produkte, die aus Bestandteilen gentechnisch veränderter Kulturpflanzen hergestellt wurden, die zum Zweck der Optimierung landwirtschaftlicher Produktionswege gentechnisch modifiziert wurden (sogenannte agronomische Eigenschaften). Beispiele sind insektenresistente Maissorten sowie herbizidtolerante Soja- oder Rapspflanzen.

Gruppe B: Produkte, die mit Hilfe gentechnisch veränderter oder aus gentechnisch veränderten Organismen hergestellt wurden, um die Lebensmittelproduktion oder die Futtermittelproduktion zu erleichtern und um Rohstoffe zu veredeln, nicht aber, um einen direkten und erkennbaren Zusatznutzen für die Verbraucherinnen und Verbraucher zu bieten. Beispiele sind Enzyme, Vitamine, Aromen sowie gelegentlich auch entsprechend modifizierte Kulturpflanzen.

Gruppe C: Gentechnisch veränderte Lebensmittel, die beanspruchen, einen besonderen ernährungsphysiologischen bzw. gesundheitsfördernden / -erhaltenden Zusatznutzen für Verbraucher zu bieten, den konventionelle und bekannte Produkte nicht bieten könnten. Derartige Produkte sind im europäischen Raum aktuell noch nicht auf dem Markt.

Aus der Perspektive der Bedeutung in der Produktionskette, ebenso wie aus der Geschichte des Eintritts in die Lebensmittelproduktion lassen sich diese drei Varianten von A nach C auch chronologisch verstehen. Die Differenzierung fokussiert auf die Entstehungsbedingungen eines Lebensmittels, das auf dem Wege der Produktion mit der Gentechnik »in Berührung« kam. Dies erscheint insofern bedeutsam, als die aktuellen Kontroversen um gentechnisch veränderte Lebensmittel zumindest teilweise Kontroversen um die Entstehungsgeschichte eines Lebensmittels bzw. – weiter ausgreifend – um die Form der landwirtschaftlichen Produktionsverfahren sind.

Häufig werden für gentechnische Interventionen auch Farbbezeichnungen verwendet. Zunächst wurde nur zwischen der *Roten* und *Grünen Gentechnik* unterschieden. Unter der *Roten Gentechnik* wurden alle Anwendungen im medizinischen Bereich zusammengefasst, während unter *Grüner Gentechnik* alle Anwendungen in der Lebensmittelverarbeitung oder etwa der Herstellung von Enzymen oder Aminosäuren für die landwirtschaftliche Produktion (Pflanzen und Tiere) subsumiert wurden. Heute werden unter *Grüner Gentechnik* fast ausschließlich gentechnische Verfahren bei Pflanzen und aus diesen gewonnene Erzeugnisse verstanden. Für die *Grüne Gentechnik* wird zunehmend auch die Bezeichnung *Agro-Gentechnik* verwendet. Anwendungen von Mikroorganismen oder Enzymen in der Lebensmittelproduktion bzw. die Gewinnung von Enzymen, Zusatzstoffen usw. aus gentechnisch veränderten Mikroorganismen (GVMO) werden der *Weißen Gentechnik* zugeordnet.

Im weiteren Verlauf der Untersuchung werden bei der Darstellung der Technologie und der Kennzeichnungspflicht nicht die Farbpalettenbegriffe für die Gentechnik angewandt, sondern die jeweiligen Eintrittspfade verwendet.

2. Gentechnik in der Lebensmittelproduktion – Statusaufnahme

2.1 Überblick über die Industrialisierung der Lebensmittelproduktion in Europa[10]

Früher gelangten landwirtschaftliche Rohprodukte mehr oder weniger direkt zum Verbraucher. Er verarbeitete die Rohprodukte selbst. Nur ein kleiner Teil der landwirtschaftlichen Erzeugnisse wurde dem Verbraucher handwerklich verarbeitet angeboten. Heute hingegen gelangt nur ein kleiner Teil der Rohwaren direkt zum Verbraucher, in der Regel frisches Obst und Gemüse. Der größte Teil wird in einer gewerblichen / industriellen Fertigung als Verarbeitungsprodukt an ihn weitergegeben. Im Vordergrund stand bzw. steht das Bestreben, Haltbarkeit und Lagerungsfähigkeit der Produkte zu verbessern, sowie Qualität und sensorische Eigenschaften der Rohstoffe / der Produkte zu optimieren. Diese Optimierung begann mit der Entwicklung neuer Technologien zur Konservierung und Verarbeitung Mitte des 19. Jahrhunderts, beispielsweise von Justus Liebig und Carl

---

[10] Vgl. Jany / Greiner 1998.

Bosch, und wurde seit den 30er Jahren des 20. Jahrhunderts in industriellen Produktionsverfahren fortgeführt.

Genau wie andere Wirtschaftszweige orientiert sich auch die Agrar- und Lebensmittelwirtschaft am Stand von Wissenschaft und Technik und führt neue Verfahren zur Gewinnung und Verarbeitung von Lebensmitteln ein. Neue Produkte werden auf den Markt gebracht und Verbraucher mit Begriffen wie »light-Produkte«, »Fast Food«, »Ethno Food«, »Organic Food«, »Convenience Food«, »Designer Food«, »Healthy Food«, »Functional Food« und »Novel Food« konfrontiert. Verbraucher erhalten über diese Produkte häufig nur unzureichende Informationen. Bisweilen stehen sie diesen Erzeugnissen hilflos und verunsichert gegenüber. Sicherlich ist dies nicht allein auf die angloamerikanischen Namen, sondern auch auf die vielfältigen Angebote unter ähnlichen Bezeichnungen zurückzuführen. »Convenience Food« soll die Essenszubereitung erleichtern und Arbeitszeit einsparen. Hierunter fallen nicht nur Fertigsuppen oder Mikrowellengerichte, sondern auch Konserven und Tiefkühlkost. »Fast Food«, das schnelle Essen an der Ecke und »light-Produkte« als kalorienarme Erzeugnisse sind wohl bekannt. Der Begriff »Designer Food« wird oft abwertend gebraucht. Häufig wird angenommen, dass Nahrungsmittel zunächst in ihre Bestandteile zerlegt und dann wieder neu komponiert und gemischt zu neuen Lebensmitteln zusammengesetzt werden. »Designer Food« bedeutet aber nur, dass Lebensmittel für bestimmte Zwecke bearbeitet werden. Der Begriff »Functional Food« ist in der Europäischen Union noch nicht abschließend definiert. Es sind Lebensmittel mit zusätzlichen Eigenschaften für das Wohlbefinden und den vorbeugenden Gesundheitsschutz. Hierunter können ballaststoffreiche Produkte zur Dickdarmkrebsprophylaxe oder mit Calcium angereicherte Säfte zur Prävention von Osteoporose fallen. Die Einschätzung, ob ein Lebensmittel »neuartig« oder lediglich »neu« ist, wird von Verbrauchern und Wirtschaft sehr subjektiv vorgenommen. Aus diesem Grund wurden in Großbritannien Mitte der 1970er Jahre und von der EU-Kommission Ende der 1980er Jahre Versuche zur Definition von Lebensmitteln und Lebensmittelzutaten unternommen, die als neuartig angesehen werden sollen. Neuartige Erzeugnisse, »Novel Food«, werden seit der Einführung gentechnischer Verfahren in den Agrar- und Lebensmittelbereich und der Novel Food Verordnung von Verbrauchern, Wissenschaft, Ernährungswirtschaft und Politik sehr kontrovers diskutiert. Mit dem Begriff »neuartige Lebensmittel« werden dabei insbesondere in Deutschland vor allem »gentechnisch hergestellte« Erzeugnisse versehen – eine Engführung, da der Begriff ein größeres Spektrum unterschiedlichster Lebensmittel umfasst. Trocknen, Salzen und Räuchern sind klassische Verfahren zur Konservierung. Sie haben noch heute einen hohen Stellenwert. Die Anwendungen wurden aber technisch optimiert (z.b. Sprühtrocknung im Vakuum) und durch viele physikalische Verfahren (z.B. Tiefkühlen, Bestrahlung) ergänzt. Besonders für die Optimierung der Qualität, sowie für erwünschte sensorische Veränderungen von Rohprodukten sowie zur Gewinnung neuer Lebensmittel werden biotechnische Verfahren wie die Fermentation mit Mikroorganismen (Milchsäurebakterien, Hefen, filamentöse Pilze) und die spezifische Umsetzung von Lebensmittelinhaltsstoffen mit Enzymen eingesetzt. Aber auch zur schonenden, werterhaltenden Konservierung werden verstärkt neue biotechnische Wege beschritten.

Die klassischen biotechnologischen Prozesse, wie beispielsweise das Bierbrauen sowie die Käse- oder Sauerteigherstellung, sollten nicht mit gentechnischen Verfahren gleichgesetzt werden. Ebenso sollte der Eindruck vermieden werden, dass gentechnisch gewonnene Produkte lediglich Erzeugnisse der modernen Biotechnologie und deshalb nicht als Erzeugnisse der Gentechnik anzusehen sind. Die Begriffe »Gentechnik« und »Biotechnik« sollten entsprechend ihrer Bedeutung beibehalten und nicht unter dem Begriff »moderne Biotechnologie« subsumiert werden.

2.2 Die Differenzierung nach Eintrittspfaden in die Lebensmittelproduktion

Die folgende Darstellung orientiert sich an den oben benannten Eintrittspfaden der Gentechnik in die Lebensmittelproduktion. Diese Differenzierung erscheint angemessener als die häufiger verwendete Einteilung in »Generationen« (1 bis 3), die auf die Realisierbarkeit bzw. Realisierung entsprechender Projekte abhebt.[11] Wenn schon von »Generationen« transgener Pflanzen gesprochen werden soll, erscheint die Differenzierung nach Zielvorstellungen oder Anwendungsbereichen dienlicher.

---

[11] Vgl. Deutscher Bundestag 2006. Dort werden als »transgene Pflanzen der 2. Generation« solche verstanden, die sich in der »Pipeline« und damit in der industriellen Entwicklung kurz vor der Zulassung befinden. Als »transgene Pflanzen der 3. Generation« werden diejenigen definiert, die sich im Forschungs- bzw. ganz frühen Entwicklungsstadium befinden.

2.2.1 Eintrittspfad A: Einsatz gentechnischer Modifikationen zur Optimierung landwirtschaftlicher Produktionswege

Die ursprüngliche und nach wie vor im Zentrum forschender und vermarktender Aktivitäten stehende Anwenderzielgruppe gentechnisch veränderter Kulturpflanzen sind Landwirte. Ihnen verspricht die Technologie verbesserte Anbaubedingungen und zuweilen auch stabilere und höhere Erträge auf der landwirtschaftlichen Nutzfläche.

Idealtypisch sind zwei Formen potenzieller Anwendungen der *Grünen Gentechnik* zu unterscheiden: Zum einen sind dies die »input-traits«, die die Veränderung von agronomischen Eigenschaften der Kulturpflanzen zum Ziel haben (z. B. Herbizidtoleranz, Insektenresistenz, Hybridsysteme). Zum anderen geht es um »output-traits«, die die Veränderung von qualitativen Merkmalen der Kulturpflanzen anstreben (d. h. Inhaltsstoffe und möglichst eine »maßgeschneiderte« Zusammensetzung von Inhaltsstoffen).[12] In Tabelle 1[13] finden sich einige angestrebte oder bereits erreichte gentechnische Veränderungen von gentechnisch veränderten Kulturpflanzen.

Diesem Eintrittspfad sind nicht nur die gesellschaftlich bereits breit diskutierten Kulturpflanzen wie Mais, Soja und Baumwolle zuzuordnen, sondern auch Früchte wie Apfel, Birne, Kiwi, Grapefruit, Erdbeere, Himbeere, Kirsche, Mango, Melone, Olive, Orange, Pflaume, Tomate und Walnuss. In diesen Fällen geht es insbesondere um Schädlingsresistenzen und die Verbesserung der Wurzelbildung. Freisetzungsversuche wurden in der Regel außerhalb Europas in begrenzter Zahl durchgeführt. Mit einer Vermarktung dieser Früchte ist aber mittel- bis langfristig nicht zu rechnen.[14]

Ein weiterer Bereich des ersten Eintrittspfades könnte in Zukunft auch die gentechnische Veränderung von Tieren sein. Der wichtigste Bereich ist derzeit die sogenannte Aquakultur – in Europa vor allem in skandinavischen Ländern. Die gentechnische Veränderung von Fischen erscheint aufgrund der hohen Reproduktionsraten ökonomisch sinnvoller als die von Säugetieren und ist technisch leichter realisierbar. In Norwegen und Kanada wird an der gentechnischen Veränderung von Lachsen gearbeitet. Schnelleres Wachstum und höheres Gewicht sollen durch die Übertragung bzw. Regulierung von Genen für Wachstumshormone erreicht werden.

---

[12] Vgl. Busch et al. 2002: 23 f.
[13] Siehe Tabelle 1 (»Allgemeine Zielvorstellungen der gentechnischen Modifikation von Kulturpflanzen«) im Anhang.
[14] Vgl. Transgen. URL http://www.transgen.de/datenbank/pflanzen/ [01. Dezember 2010].

Zudem ist beabsichtigt, die Lachse durch die Übertragung von Genen für »Anti-Frost-Proteine« an tiefere Wassertemperaturen anzupassen und damit die Zucht zu erleichtern.[15] Für eine Vermarktung sind diese Lachse bislang weder in Europa noch in den USA zugelassen.

2.2.2 Eintrittspfad B: Einsatz gentechnisch veränderter Organismen zur Optimierung der Produktion in den Bereichen Futtermittel und Lebensmittel[16]

Nicht mehr allein gentechnisch veränderte Kulturpflanzen (direkt oder als Fermenter) werden eingesetzt, sondern gezielt auch Bakterien, filamentöse Pilze und Hefen, die gentechnisch modifiziert wurden.[17]

2.2.2.1 Futtermittelherstellung

Die nahezu flächendeckende Spezialisierung der landwirtschaftlichen Veredelungswirtschaft bringt es mit sich, dass die Produzenten zur Aufrechterhaltung der Leistungsfähigkeit ihrer Tiere auf entsprechende Futtermittel zurückgreifen müssen.[18] Nicht allein proteinreiches und energiedichtes Kraftfutter[19], etwa aus Soja-Extraktionsschrot, sondern auch veränderte Aminosäuremischungen spielen in diesem Zusammenhang eine bedeutende Rolle. Der überwiegende Anteil des auf dem Weltmarkt gehandelten Sojas stammt aus gentechnisch verändertem Anbau (herbizidtolerante Sojabohnen). Das Soja-Extraktionsschrot ist damit über die Tierfütterung Bestandteil der Lebensmittelproduktion geworden. Ähnliches gilt für Corn Gluten, einem Proteinrückstand aus der Maisstärkegewinnung. Ob und inwieweit die Fütterung von Milchkühen mit Kraftfutter aus gentech-

---

[15] Vgl. Transgen. URL http://www.transgen.de/datenbank/lebensmittel/246.doku.html [01. Dezember 2010].

[16] Einen sehr guten Überblick über die in der Lebensmittelproduktion verwendeten Verfahren unter Einschluss der Gentechnik bietet die Datenbank von TransGen. URL http://www.transgen.de/datenbank/ [01. Dezember 2010], auf die im Folgenden Bezug genommen wird.

[17] Die in Tabelle 1 (»Allgemeine Zielvorstellungen der gentechnischen Modifikation von Kulturpflanzen«) mit den genannten Output-Traits gewünschten Eigenschaften werden nunmehr auch und gegebenenfalls leichter über entsprechend gentechnisch veränderte Bakterien, Hefen oder filamentöse Pilze erzeugt.

[18] Vgl. Radewahn / Reule 2003.

[19] Bei *Kraftfutter* (auch *Konzentratfutter*) handelt es sich meistens um Mischungen aus Futtermittel mit hoher Energiedichte (stärkereich und ölhaltig) und mit hohem Proteingehalt (meist Leguminosen oder Nachprodukte von Ölsaaten wie beispielsweise Soja-Extraktionsschrot), denen Mineralstoffe, Spurenelemente und Vitamine zugesetzt werden. Kraftfutter wird eingesetzt, um eine adäquate Nährstoffzufuhr für die Tiere gewährleisten zu können.

nisch verändertem Soja oder Mais Auswirkungen auf die von Verbrauchern konsumierte Milch haben könnte, wird kontrovers diskutiert.

Rohprotein angepasste Mischfutter (RAM) wurden hinsichtlich ihrer Aminosäurezusammensetzung und ihres Phytase-Gehalts[20] zum Teil gezielt gentechnisch verändert.[21] Für eine Reihe von Aminosäuren, beispielsweise für Lysin, Threonin, Phenylalanin, Methonin, Tryptophan, Arginin, Leucin, Glutaminsäure und Cystein, sind Herstellungsverfahren mit gentechnisch veränderten Mikroorganismen bekannt und werden eingesetzt. Lysin für die Tierernährung ist quasi nur noch aus gentechnisch veränderten Mikroorganismen auf dem Markt. Aber es sind in der Regel nur wenig zuverlässige Informationen darüber verfügbar, ob und inwieweit diese Verfahren in welchen Zusammenhängen derzeit kommerziell eingesetzt werden. Marktführer bei Aminosäuren sind japanische und deutsche Unternehmen. Die Nährlösungen, auf denen die Mikroorganismen wachsen, können wiederum Rohstoffe aus gentechnisch veränderten Pflanzen enthalten, beispielsweise aus Soja, Mais oder Raps. Einzelne Aminosäuren können durch enzymatische Modifizierung unmittelbar aus pflanzlichen Proteinen (Eiweiße) gewonnen werden. Es ist möglich, dass diese aus gentechnisch veränderten Pflanzen stammen, etwa Sojabohnen. Die eingesetzten Enzyme können mit Hilfe gentechnisch veränderter Mikroorganismen erzeugt worden sein.

Nach den Vorgaben der Europäischen Union sind Aminosäuren als Bestandteile von Futtermitteln kennzeichnungspflichtig. In Lebensmitteln sind Aminosäuren hingegen nicht kennzeichnungspflichtig.[22]

2.2.2.2 Lebensmittelproduktion

In der modernen Lebensmittelproduktion werden neben den Verarbeitungsprodukten gentechnisch modifizierter Kulturpflanzen in sehr viel bedeutenderem Ausmaß Enzyme, Aromen, Vitamine und andere Zusatzstoffe, die in großem Umfang mit gentechnisch veränderten Mikroorganismen gewonnen werden, sowie Mikroorganismen als Starter- und Schutzkulturen, eingesetzt.

---

[20] *Phytase* ist ein Enzym, das Phosphat aus dem Speicherstoff *Phytinsäure* freisetzt. Durch die Erhöhung des Phytase-Gehaltes im Getreide (z. B. im Mais) braucht dem Futtermittel weniger Phosphat beigemischt werden und eine Eutrophierung von Gewässern durch die phosphathaltige Gülle kann vermieden werden.
[21] Vgl. Radewahn / Reule 2003: 44.
[22] Vgl. Transgen. URL http://www.transgen.de/datenbank/zusatzstoffe/98.doku.html [01. Dezember 2010].

2.2.2.2.1 Enzyme

In der Ernährungswirtschaft dienen Enzyme schon seit vielen Jahrzehnten zur Nahrungsmittelverarbeitung. Sie werden beispielsweise in der Backindustrie, im Brauereiwesen und in der Ölverarbeitung in großem Maßstab verwendet. Aufgrund nachfolgender Verarbeitungsschritte sind sie im Endprodukt meist nicht mehr nachweisbar. Die Gewinnung von Enzymen erfolgte früher überwiegend biotechnisch aus natürlich vorkommenden Mikroorganismen, die in der lebensmitteltechnischen Praxis seit langer Zeit zum Einsatz kommen und aufgrund umfangreicher Erfahrungen als sicher und unbedenklich gelten. Heute werden diese Enzyme vorwiegend mit Hilfe von gentechnisch veränderten Mikroorganismen gewonnen, um auf diese Weise eine erhöhte Enzymausbeute oder einen höheren Reinheitsgrad zu erhalten oder um Enzyme an Produktionsbedingungen anzupassen *(protein engineering)*. Zudem kann damit ein Organismus gewählt werden, der sich für bestimmte Kultivierungsverfahren bzw. Fermentationsverfahren besser eignet.[23]

Enzyme stellen als Proteine direkte Genprodukte dar. Sie lassen sich einfach durch die Überexpression der entsprechenden Gene mit Hilfe von GVO in hoher Ausbeute gewinnen. Die aus GVO gewonnenen Enzyme sind Substitute für die bisher aus konventionellen Organismen isolierten Produkte. Die Enzyme aus GVO sind in ihren Strukturen und Aktivitäten jeweils mit den konventionellen identisch, in der Regel ist aber der Reinheitsgrad des Präparats höher. In Zukunft werden jedoch neue, im Hinblick auf die jeweilige Lebensmittelmatrix und das jeweilige Verfahren optimierte, Enzyme eingesetzt werden. Durch das *gene engineering* werden Enzyme wie sie so in der Natur nicht vorkommen entwickelt. Durch die *gerichtete Mutagenese* werden gezielt Aminosäuren ausgetauscht und dadurch lässt sich eine Erhöhung der Temperatur-, Proteolyse- oder pH-Stabilität erreichen. Aber auch eine Eingrenzung der Substratspezifität, oder Aufhebung der Substrathemmung ist möglich. Da es sich hier um neue Enzyme handelt, werden sie erst nach eingehender Sicherheitsbewertung (Toxizität und Allergenität) für die Lebensmittelverarbeitung zur Verfügung gestellt. Bei Enzymen die Waschmitteln zugesetzt werden, ist die Entwicklung schon weit fortgeschritten. Durch die gentechnische Optimierung der Syntheseleistung dieser Organismen werden demnächst verstärkt technologisch interessante Enzyme, beispielsweise Xylanase und

---

[23] Vgl. Sience-live. URL http://www.science-live.de/themen/ernaehr.htm [01. Dezember 2010]; dort z.B. Chymosin in der Käseherstellung. Vgl. zum Folgenden: Jany / Greiner 1998: 30 ff.

Glucanase, angeboten werden, deren Produktion in konventionellen Organismen bis heute aus ökonomischen Gründen nicht vorgenommen wurde. Von zunehmendem Interesse ist die Nutzung von Extremozymen. Diese bakteriellen Enzyme entfalten ihre optimale Wirkungen in physikalischen Bereichen, die bislang für die Biokatalyse nicht anwendbar waren (2 bis 8 C; > 100 C; Drücke bis 250 atm und Salzkonzentrationen bis zu 5 Mol/L). Die traditionelle Fermentation solcher extremophilen Organismen ist nur unter erheblichem technischem Aufwand möglich. Durch den Transfer von Genen, die für diese Enzyme aus solchen Organismen kodieren, in konventionelle Mikroorganismen, eröffnen sich neue Produktionsmöglichkeiten. Ebenfalls werden demnächst Enzyme mit gentechnisch veränderten Pflanzen produziert.

In Tabelle 2[24] werden Enzyme und deren Einsatzgebiete in der Lebensmittelverarbeitung aufgezeigt. Im Jahr 2009 wurden auf dem europäischen Markt ca. 1.800 Enzyme angeboten, wobei diese jedoch entsprechend ihrer Wirkweise in ca. 235 Enzymgruppen zusammengefasst werden können. 224 stammen aus konventionellen Mikroorganismen, 5 aus Tieren und 6 aus Pflanzen. Nicht alle hier aufgelisteten Enzyme stammen aus GVO. In Backwaren, vor allem in Weizenbroten und Brötchen, verzögern sie das Altbackenwerden und erhalten die Frische; im Mehl hydrolysieren sie den Kleber teilweise und machen ihn »weicher«; in der Käsegewinnung legen sie die Milch »dick« und intensivieren den Käsegeschmack während der Reifung; in der Fleischsoßenherstellung spalten sie Proteine und vermitteln einen intensiveren Fleischgeschmack; in der Wein- und Fruchtsaftherstellung verbessern sie die Saftausbeute und erhöhen die Aromakomponenten; im Bier reduzieren sie den Kohlenhydratgehalt und erzeugen so kalorienarme Biere; für Süßspeisen hydrolysieren sie Maisstärke und isomerisieren Glucose in Fructose; die süßere Fructose vermittelt den Erzeugnissen den »light-Charakter«.

In Tabelle 3[25] sind einige Produktionsorganismen für Enzyme aufgeführt. Mehr als 90 unterschiedliche Enzyme aus GVO sind zurzeit kommerziell erhältlich.[26] In welchem Umfang Enzyme aus GVO in Deutschland eingesetzt werden, ist nicht bekannt. Über ihren Anteil in der Verarbeitung kann nur spekuliert werden. Sicher ist jedoch, dass sie in

---

[24] Siehe Tabelle 2 (»Enzyme in der Lebensmittelverarbeitung«) im Anhang.
[25] Siehe Tabelle 3 (»Auswahl von Produktionsstämmen für industrielle Enzyme«) im Anhang.
[26] Beispiele in Tabelle 4 (»Kommerzielle Enzyme aus GVO für die Lebensmittelverarbeitung«) im Anhang.

einem erheblichen Umfang eingesetzt werden. Auch im europäischen Ausland ist die Verwendung dieser Enzyme weit verbreitet.[27] In den meisten europäischen Ländern waren Enzyme als Verarbeitungshilfsstoffe lange Zeit nicht zulassungspflichtig. Dies hat sich mit Verabschiedung des »Food Improvement Agents Package«[28], welches den Einsatz und die Zulassung von Zusatzstoffen, Enzymen und Aromen bei der Herstellung von Lebensmitteln regelt, geändert. Das Verordnungspaket ist Anfang 2009 in Kraft getreten und ab 2010 bzw. 2011 anzuwenden. Es sieht vor, dass neben Zusatzstoffen und Aromen, auch alle Lebensmittelenzyme zulassungspflichtig sind und einer Sicherheitsbewertung durch die *Europäische Behörde für Lebensmittelsicherheit* (EFSA) bedürfen.[29]

In der Lebensmittelverarbeitung stehen im europäischen Raum *Proteasen*[30] für sehr unterschiedliche Zwecke (hier insbesondere Chymosin) und in den USA *Carbohydrasen* zur Verzuckerung von Stärke im Vordergrund. Chymosin zur Käsegewinnung stellt in der Öffentlichkeit sicherlich das bekannteste Enzym aus gentechnisch veränderten Mikroorganismen dar. Gegenwärtig werden Labfermente aus Rindern und Kamelen vermarktet. Bezogen auf die Produktmenge stellt die Stärkeverzuckerung das wichtigste biotechnische Verfahren dar. Die enzymatische Stärkeverzuckerung erfolgt in einem Dreistufenprozess. Die Maisstärke wird zunächst thermisch für die enzymatische Hydrolyse verflüssigt. Eine thermostabile a-Amylase spaltet die Stärke bei pH 6 bis 7 in Dextrine und Oligomaltoseeinheiten. Nach Abtrennen der Dextrine müssen für die effektive Freisetzung der Glucose aus den Oligomaltoseeinheiten durch das Glucoamylase-Pullulanase-System der pH-Wert auf 4 bis 5 und die Temperatur abgesenkt werden. Alle bislang am Prozess beteiligten Enzyme benötigen Calcium-Ionen für die volle Aktivitätsentfaltung und für ihre Strukturstabilisierung. Calcium-Ionen wirken inhibitorisch auf die Glucose-Isomerase, die im nächsten Schritt die Glucose in Fructose überführt (isomerisiert). Als Cofaktor wirken für die Isomerase Cobalt-Ionen. Die Glucose-Isomerase wird in im-

---

[27] Siehe Tabelle 3 (»Auswahl von Produktionsstämmen für industrielle Enzyme«) und Tabelle 4 (»Kommerzielle Enzyme aus GVO für die Lebensmittelverarbeitung«) im Anhang.
[28] Das neue Zusatzstoffpaket (Food Improvement Agents Package – FIAP) umfasst vier Verordnungen (ABl L 354 vom 31.12.2008): Verordnung (EG) Nr. 1331/2008 über ein einheitliches Zulassungsverfahren; Verordnung (EG) Nr. 1332/2008 über Lebensmittelenzyme; Verordnung (EG) Nr. 1333/2008 über Lebensmittelzusatzstoffe; Verordnung (EG) Nr. 1334/2008 über Aromen.
[29] Verordnung (EG) Nr. 1332/2008 über Lebensmittelenzyme.
[30] Proteasen sind Enzyme, die Peptidbindungen hydrolysieren und Proteine und Polypeptide abbauen.

mobilisierter Form im Bioreaktor eingesetzt. Das Endprodukt der Stärkeverzuckerung ist eine Mischung aus Glucose und Fructose, die als Flüssigzucker weiterverarbeitet wird. Da dieser Zuckersirup eine höhere Süßkraft als Saccharose aufweist, besteht in der Lebensmittelwirtschaft, insbesondere für brennwertreduzierte light-Produkte, ein hoher Bedarf an diesem Flüssigzucker. Gegenwärtig befinden sich Hydrolyseprodukte aus transgenem Mais nur in geringem Ausmaß auf dem europäischen Markt. Da aber zumindest vier transgene Maisvarietäten für Verarbeitungszwecke die Zulassung erhalten haben und Bt-Mais-Stärke nach dem Notifizierungsverfahren der Novel Food Verordnung frei in Verkehr gebracht werden darf, ist damit zu rechnen, dass in zunehmenden Maße auch Stärkeverarbeitungsprodukte auf den EU-Markt gelangen, die nicht gekennzeichnet werden müssen.

Alle Enzyme für die Stärkeverzuckerung stammen aus GVO. Die Hydrolyseprodukte sind somit mit der Gentechnik in Berührung gekommen; sie sind aber nicht gentechnisch verändert. Dies gilt auch, wenn für die Verzuckerung Stärke aus transgenem Mais verwendet wird. Die Gene für die Enzyme im Verzuckerungsprozess sind verfügbar und die Tertiärstrukturen der Proteine sind bekannt. Beides sind gute Voraussetzungen für ein *protein engineering*, d.h. für die Optimierung der Enzyme zur Anpassung an die technischen Prozesse auf gentechnischem Wege. Da die Glucose-Isomerase ein relativ teures Enzym ist, wird versucht, ihre Thermo- und pH-Stabilität zu erhöhen. Hierdurch sollen längere Standzeiten des Enzymreaktors erreicht werden.

Neben dem *protein engineering* geht die Entwicklung dahin, technologisch notwendige Enzyme direkt in Starterkulturen oder Hefen hinein zu klonieren. Dies lässt sich gut bei Enzymen für das Backgewerbe verfolgen. Die Gene für diese Enzyme werden vermehrt in Hefen transferiert.[31] Diese enzymatischen Backhilfen brauchen nun nicht mehr während der Teig- oder Mehlvorbereitung zugemischt zu werden. Gentechnisch veränderte Hefen werden gegenwärtig aber nicht im Backgewerbe eingesetzt.

Enzyme können nicht nur zur Verarbeitung von Rohstoffen eingesetzt werden, sondern auch als spezifische biologische Agenzien gegen Schadmikroorganismen in Lebensmitteln. Hier wird der spezielle Zellwandaufbau von Mikroorganismen ausgenutzt, indem durch die enzymatische Hydrolyse von Zellwand die Lyse der Organismen herbeigeführt wird.

---

[31] Vgl. hierzu auch Tabelle 2 (»Enzyme in der Lebensmittelverarbeitung«) im Anhang.

2.2.2.2.2 Aromen[32]

Grundsätzlich sind bei industriell erzeugten bzw. gewonnenen Aromen verschiedene Anwendungen der Gentechnik möglich. Präzise, auf einzelne Aromen oder Aromapräparate bezogene Informationen stehen jedoch nicht zur Verfügung.

Mikroorganismen: Verschiedene Aromen werden heute mikrobiell erzeugt. Dabei bilden spezielle Hefen, filamentöse Pilze oder Bakterien aromawirksame Substanzen. Bisher sind diese Mikroorganismen in aller Regel nicht gentechnisch modifiziert. Es sind jedoch Verfahren entwickelt worden, um ursprünglich pflanzliche Aromen in gentechnisch veränderten Mikroorganismen zu erzeugen, wie etwa Vanillin. Diese neuen Verfahren haben, möglicherweise aus Akzeptanzgründen bei Verbrauchern, offenbar keine oder nur geringe kommerzielle Bedeutung.

Nährstoffe für Mikroorganismen: Als Nährstoffe, auf denen Aroma bildende Mikroorganismen wachsen, kommen Stärke aus Mais, Glukose oder andere Zucker in Frage. Diese können von gentechnisch veränderten Pflanzen stammen. Enzyme wirken auf bestimmte Stoffe ein und spalten daraus Aromen ab. Die beteiligten Enzyme können mit Hilfe gentechnisch veränderter Mikroorganismen gewonnen werden. Beispiele für enzymatisch gewonnene Aromen sind:
a) Käsearomen aus Milchfetten (Lipasen) oder Milchproteinen (Proteasen);
b) fleischähnliche Aromen durch enzymatische Hydrolyse von Hefe oder pflanzlichen Proteinen (Proteasen);
c) Zitrus- und Fruchtaromen durch enzymatischen Aufschluss von Pflanzenzellen (z.B. mit Pektinasen).

Reaktionsaromen: Bei ihrer Herstellung werden aromaintensive chemische Reaktionen nachgeahmt, wie sie etwa beim Braten oder Backen stattfinden. Grundstoffe sind zumeist verschiedene Aminosäuren oder pflanzliche Proteine (z.B. aus Soja), die mit speziellen Zuckern reagieren. Auf diese Weise werden diverse Back-, Braten-, und Fleischaromen gewonnen. Sojaproteine sind oft auch Ausgangsstoffe für enzymatisch gewonnene Aromen.

Fette bzw. Fettsäuren sind Grundstoff für verschiedene Aromen, vor

---

[32] Vgl. Transgen. URL http://www.transgen.de/datenbank/zusatzstoffe/100.doku.html [01. Dezember 2010].

allem für Käsearomen. Fettsäuren werden chemisch oder mit Hilfe von Enzymen modifiziert (Umsteuerung). Die Fette können aus gentechnisch veränderten Pflanzen stammen, beispielsweise aus Soja oder Raps.

Aminosäuren: Kommerzielle Aromapräparate enthalten oft Aminosäuren zur Abrundung oder Verstärkung des jeweiligen Geschmacks (z. B. Glutamat). Eine Reihe von Aminosäuren wird mit gentechnisch veränderten Mikroorganismen hergestellt. Ähnliches trifft auch für die Geschmacksverstärker Inosinsäure und Guanylsäure sowie deren Verbindungen zu.

Trägerstoffe für Aromapräparate: Zur Stabilisierung, aber auch um sie transport- und dosierfähig zu machen, werden Aromen oft auf Trägersubstanzen gesprüht oder in Mikrokapseln eingeschlossen. Dafür eignen sich z. B. Stärke oder Sojamehl, Dextrine, Sorbit oder Xanthan.

2.2.2.2.3 Vitamine[33]

Es gibt verschiedene Wege zur Herstellung von Vitaminen: chemische Synthese, biotechnische Verfahren mit Mikroorganismen, Extraktion aus Pflanzen oder pflanzlichem Material. Für einige Vitamine sind inzwischen Herstellungsverfahren entwickelt worden, bei denen gentechnisch veränderte Mikroorganismen zum Einsatz kommen: u. a. für Vitamin B12, Vitamin B2, Vitamin C (Ascorbinsäure), ß-Carotin als Vitamin-A-Vorstufe und Biotin. Bei der Produktion von Ascorbinsäure und der Vitamine B2, B12 sowie Biotin werden diese Verfahren teilweise kommerziell genutzt. Der größte Anteil der Ascorbinsäure (Vitamin C) stammt heute aus gentechnisch veränderten Mikroorganismen.

Vitamin E kann sowohl biotechnisch als auch direkt aus Sojabohnen gewonnen werden. Bei einer Extraktion aus Sojabohnen ist davon auszugehen, dass diese zu einem bestimmten Anteil gentechnisch verändert sind.

Viele Vitamine, vor allem die fettlöslichen Vitamine A, D, E und K, werden auf Trägerstoffe aufgebracht, um sie besser handhaben zu können.

2.2.2.2.4 Sonstige Zusatzstoffe

Zusatzstoffe werden verstärkt mit biotechnischen Verfahren gewonnen. Chemische Synthesen sollen weitgehend durch mikrobiologische oder enzymatische Verfahren ersetzt und deren Spezifität und insbesondere deren Stereospezifität genutzt werden. Klassische Verfahren sollen durch die

---

[33] Vgl. Transgen. URL http://www.transgen.de/datenbank/zusatzstoffe/204.doku.html [01. Dezember 2010].

Nutzung von GVO sicherer, effektiver und rentabel gestaltet werden. Darüber hinaus eröffnen GVO neue Produktionslinien. Da die meisten Zusatzstoffe, anders als Enzyme, nicht die direkten Genprodukte, sondern Endprodukte komplexer Stoffwechselwege darstellen, ist die Optimierung der Organismen schwieriger. Bestimmte Biosynthesewege müssen über Schlüsselenzyme blockiert oder aktiviert werden. Zusatzstoffe werden in der Lebensmittelverarbeitung als Geschmacksverstärker, Süßstoffe, Aminosäuren, Vitamine, Aromen, Farbstoffe, Konservierungs-, Verdickungsmittel und Emulgatoren eingesetzt. Zusatzstoffe werden in Deutschland untergliedert in (a) Farbstoffe, (b) Stabilisatoren, Gelier- und Verdickungsmittel, Emulgatoren, (c) Antioxidationsmittel, (d) Vitamine, (e) Zusatzstoffe mit EWG-Nummer, (f) Zusatzstoffe ohne EWG-Nummer, (g) andere Zusatzstoffe.

Ein Überblick über die wichtigsten in der Lebensmittelproduktion verwendeten Zusatzstoffe findet sich regelmäßig aktualisiert auf der Website von TransGen[34]. Im Folgenden sei lediglich die Herstellung von *Lecithin* beispielhaft ausgeführt.

Beispiel: Lecithin

Die für die Lebensmittelverarbeitung herausragende Eigenschaft des Lecithins ist die Fähigkeit, Wasser und Öl in einer stabilen Verbindung (Emulsion) zu halten. Normalerweise mischen sich Wasser und Fette nicht. In vielen Bereichen der Lebensmittelherstellung ist Lecithin als Emulgator unverzichtbar. Lecithin wird als Zusatzstoff in zahlreichen fetthaltigen Lebensmitteln eingesetzt, etwa bei Schokolade, Pudding, Speiseeis, Süßwaren, Nuss-Nougatcreme, Kakao- und Milchmischgetränken, Fertiggerichten, Fleischwaren, Margarine, Mayonnaise und Salatdressings. Lecithin dient auch als Antioxidations- und Mehlbehandlungsmittel bei Backwaren oder in Backmischungen. Da Lecithin ähnliche Bindungseigenschaften wie Eidotter hat, wird es auch als Eiersatz in diversen Produkten verwendet. Lecithin wird überwiegend aus ölhaltigen Pflanzen gewonnen, in der Regel aus Sojabohnen. Ähnliche Lecithine, jedoch mit anderen Eigenschaften, können auch aus Raps, Mais, Sonnenblumen und Erdnüssen hergestellt werden. Bei der Verarbeitung in der Ölmühle werden die Sojabohnen in das eiweißreiche Futter und den Fettanteil aufgetrennt. Das aus Sojarohöl extrahierte Rohlecithin wird in mehreren Stufen gereinigt. Lecithin, wie es in der Lebensmittelherstellung Verwendung findet, ist heute

---

[34] Vgl. Transgen. URL http://www.transgen.de/datenbank/zusatzstoffe/ [01. Dezember 2010].

Gentechnik in der Lebensmittelproduktion – Statusaufnahme

frei von Soja-DNA. Somit ist im Lecithin-Präparat in aller Regel analytisch nicht mehr nachweisbar, ob gentechnisch modifizierte Sojabohnen verwendet wurden.

International gehandelte Sojarohstoffe stammen im Regelfall ganz oder anteilig aus gentechnisch veränderten Pflanzen. Gentechnisch modifizierte Sojabohnen werden in den USA, Argentinien und Brasilien großflächig angebaut. Aus diesen Ländern führt die EU jährlich über 30 Mio. Tonnen Soja und Sojarohstoffe ein. Einige Lebensmittelunternehmen verarbeiten ausschließlich herkömmliche Sojarohstoffe. Eine absolute, sich über alle Verarbeitungsstufen erstreckende Trennung zwischen konventionellen und gentechnisch modifizierten Sojabohnen ist jedoch technisch nicht möglich. Auch als »Gentechnik frei« deklarierte Rohstoffe enthalten daher geringe GVO-Anteile. Diese können bis zu 0,9 % betragen.

2.2.2.2.5 Mikroorganismen als Starter- und Schutzkulturen
Mikroorganismen dienen traditionell der Veredelung von Lebensmitteln. Ihre Verwendungsmöglichkeiten sind vielfältig. Abhängig von den verwendeten Mikroorganismen,[35] die als Starterkultur(en) verwendet werden, lassen sich durch die unterschiedlichen Stoffwechselprozesse unterschiedliche Produkte erzielen, wie z. B. Milchsäurebildung durch Milchsäurebakterien bei Sauerkraut, Joghurt, Rohwurst usw.; Alkoholbildung durch Hefen in Bier und Wein; Säure- und CO_2-Bildung durch Milchsäurebakterien und Hefen in Sauerteig und Kefir. Starterkulturen werden in spezialisierten Betrieben in großtechnischem Maßstab herangezüchtet. Bei diesem Fermentationsprozess kann nicht ausgeschlossen werden, dass in der Fermentationsbrühe isolierte Nährstoffe aus GVO enthalten sind. Die Mikroorganismen kommen mit der Gentechnik in Berührung, sie sind aber selbst nicht gentechnisch modifiziert.

Milchsäurebakterien, Hefen und Schimmelpilze besitzen eine größere Bedeutung als Starterkulturen und sind Gegenstand vieler gentechnischer Modifizierungen. GVO sind für alle drei Mikroorganismengruppen entwickelt und in der Laborpraxis erprobt worden. Gegenwärtig sind jedoch noch keine gentechnisch veränderten Mikroorganismen für die Lebensmittelproduktion auf dem Markt. In der Europäischen Union unterliegen sie als lebende Organismen einer Sicherheitsbewertung und Zulassung durch

---

[35] Siehe hierzu auch Tabelle 5 (»Verwendungsmöglichkeiten von Mikroorganismen«), Tabelle 6 (»Eigenschaften und Bedeutung von Starterkulturen«) und Tabelle 7 (»Spezies von Starterkulturen für die Lebensmittelfermentation«) im Anhang.

die EU-Kommission. In Tabelle 7[36] sind wichtige Spezies von Fermentationsorganismen zusammengestellt.

Hauptziele der gentechnischen Veränderungen von Starterkulturen liegen in der Erhöhung der Produktqualität und -vielfalt, in der Verbesserung der Prozessführung und -sicherheit sowie in der Verminderung hygienischer Risiken.

2.2.3 Eintrittspfad C: Gentechnisch veränderte Lebensmittel mit erwünschtem / behauptetem Zusatznutzen für Verbraucher[37]

Hierbei handelt es sich in der Hauptsache um Lebensmittel, die unter den Bezeichnungen »Functional Food«[38] oder »Novel Food«[39] diskutiert und bewertet werden.

Unter »Functional Food« werden im Allgemeinen verarbeitete Lebensmittel verstanden, die einen zusätzlichen Nutzen für den Konsumenten aufweisen, der über die reine Sättigung, die Zufuhr von Nährstoffen und die Befriedigung von Genuss und Geschmack hinausgeht. Dieser Zusatznutzen soll unter anderem in einer Verbesserung des individuellen Gesundheitszustands oder des Wohlbefindens, in der Reduzierung des Risikos der Entstehung von ernährungsbedingten oder chronischen Erkrankungen, der Vorbeugung ernährungsbedingter Krebsformen oder dem Erhalt körperlicher und geistiger Aktivitäten bestehen. Die Wirkungen funktioneller Lebensmittel beruhen auf dem (erhöhten) Gehalt bestimmter Inhaltsstoffe in dem betreffenden Lebensmittel. Auch Lebensmittel, aus denen potenziell schädliche Bestandteile, z.B. Allergene, entfernt wurden, werden zu den funktionellen Lebensmitteln gezählt.[40]

---

[36] Siehe Tabelle 7 (»Spezies von Starterkulturen für die Lebensmittelfermentation«) im Anhang.

[37] Im Folgenden kann auf eine Studie zur Technikfolgenabschätzung zum Themenfeld Bezug genommen werden, die vom *Büro für Technikfolgenabschätzung beim Deutschen Bundestag* im Juni 2006 präsentiert wurde und u.a. eine umfassende Darstellung zu »Functional Food« bietet, wobei diese sich in besonderer Weise auf die Nutzung von gentechnisch veränderten Kulturpflanzen bezieht. Vgl. Deutscher Bundestag 2006.

[38] Der Terminus »Functional Food« hebt auf die beabsichtigte Wirkung eines solchen Lebensmittels im Sinne eines Zusatznutzens für den Verbraucher ab.

[39] Der Terminus »Novel Food« enthält einen vergleichenden Zugang. Neu ist, was sich von Bekanntem unterscheidet. Insofern spielt – auch rechtlich – eine erhebliche Rolle, worin sich ein entsprechendes Lebensmittel von ähnlichen, aber bereits eingeführten Lebensmitteln unterscheidet.

[40] Ein möglicher Zusatznutzen für den Verbraucher in Form eines im Einkauf günstigeren Produkts ist hingegen zu vernachlässigen, da nicht zu erwarten ist, dass sich günstigere Pro-

Bei der Begriffsbestimmung von funktionellen Lebensmitteln ist zu beachten, dass bislang in der EU keine einheitliche, eindeutige und allgemein anerkannte Definition und Abgrenzung von funktionellen Lebensmitteln existiert – und möglicherweise auch nie existieren wird. Neben dem Begriff »funktionelle Lebensmittel« sind weitere – zumeist englischsprachige – Bezeichnungen im Gebrauch, so z.b. »nutraceuticals«, »pharmafood«, »medifood«, »medical foods«, »designer food«, »vitafood«, »food for specific health use«, »specific health promoting food«. Weitgehend Konsens besteht darüber, dass funktionelle Lebensmittel eine zusätzliche Kategorie darstellen, die von Nahrungsergänzungsmitteln (»dietary supplements«, »nutritional supplements«), diätetischen Lebensmitteln und angereicherten Lebensmitteln (»fortified foods«), für die bereits spezifische Regelungen bestehen, verschieden ist. Die fehlende Schärfe in der Definition und Abgrenzung von funktionellen Lebensmitteln spiegelt wider, dass es unterschiedliche, zum Teil widersprüchliche Interessenlagen, Erwartungen und Anforderungen an eine solche Definition gibt.[41]

Was gesellschaftlich derzeit unter dem Terminus »Functional Food« diskutiert wird, ist zumindest teilweise bereits in einigen Produkten verwirklicht. Als funktionelle Lebensmittel werden z.B. Säfte mit erhöhten Mineralstoffgehalten wie Calcium in Verbindung mit Osteoporose, Eisen mit Blutanämie, Selen und Zink als Immunregulativ sowie Vitamine in Getränken und Süßwaren (ACE-Getränke) angeboten. Bei Milch- und Fleischerzeugnissen haben probiotische Mikroorganismen und präbiotisch wirksame Oligosaccharide bereits einen festen Platz im Angebot der Supermärkte und die Produkte erfreuen sich großer Beliebtheit. Mit dem Verzehr dieser Produkte soll das allgemeine Wohlbefinden und die Immunabwehr gesteigert und Erkrankungen (Durchfall, Laktose-Intoleranz) gemildert, der Cholesterinspiegel gesenkt und Krebserkrankungen abgewehrt werden. Präbiotika, spezielle Fructo- und Glacto-Oligosaccharide, wirken synergetisch mit probiotischen Mikroorganismen und stabilisieren die natürliche Darmflora. Hinsichtlich der wissenschaftlich belegten Cholesterinsenkung ist eine mit Phytosterolen angereicherte Margarine im Handel. Weitere Beispiele funktioneller Lebensmittel sind Eier und Brote mit Omega-3-Fettsäuren.

---

duktionsbedingungen in niedrigeren Preisen niederschlagen. Es erscheint aber möglich, dass physiologischer oder allgemein mit *Gesundheit* und *Wellness* assoziierter Zusatznutzen realisiert wird.

[41] Vgl. Chadwick et al. 2003; Diplock et al 1999: 1–27; Hüsing et al. 1999; Katan / De Roos 2004: 369–377; Menrad 2001: 341; Preuß 1999: 468–472; Roberfroid 2002: 133–128.

Im Detail ist strittig und Gegenstand der aktuellen Diskussion, inwieweit es sich bei funktionellen Lebensmitteln ausschließlich um verarbeitete Lebensmittel handelt oder ob auch nicht verarbeitete, »natürlicherweise gesundheitsfördernde« Lebensmittel dazugehören; ob nur natürlicherweise vorkommende funktionelle Inhaltsstoffe oder auch modifizierte und chemisch synthetisierte Inhaltsstoffe einzubeziehen sind; welche Anforderungen an den Nachweis der Sicherheit, Wirksamkeit und Wirkungsweise von funktionellen Lebensmitteln zu stellen sind[42] und inwieweit diese Wirkungen ausgelobt werden dürfen. Strittig ist auch, inwieweit funktionelle Lebensmittel tatsächlich geeignet sind, positive *Public-Health-Effekte* durch eine Verringerung des Erkrankungsrisikos für bestimmte, ernährungsbeeinflusste Krankheiten auszuüben.[43] Die Durchführung der Funktionsbewertung und Auslobungsmöglichkeiten gesundheitsfördernder Lebensmittel sind in der sogenannten »Health Claims-Verordnung«[44] niedergelegt und entsprechende Durchführungsbestimmungen wurden für Antragsteller durch die EFSA veröffentlicht.[45]

Herstellung von »Functional Food«
Funktionelle Lebensmittel (Functional Food) können konventionelle, neuartige aber auch gentechnisch modifizierte Erzeugnisse sein. Lebensmittel oder Lebensmittelinhaltsstoffe mit spezifischen Funktionen oder Nahrungsmittel, die als funktionelle Lebensmittel gelten, sind Prä-, Pro- und Synbiotika, probiotische Milchsäurebakterien, bestimmte Oligosaccharide und Ballaststoffe, sekundäre Pflanzenstoffe (Phytochemicals), Antioxidantien, mehrfach ungesättigte langkettige Fettsäuren, strukturierte Lipide, Fettersatz- und Austauschstoffe, Aminosäuren, Peptide und Proteine, Vitamine, Mineralstoffe und Spurenelemente.

Für die Herstellung funktioneller Lebensmittel werden unterschiedliche Konzepte verfolgt. Im TAB-Bericht für den Deutschen Bundestag werden aufgelistet:

»–Auswahl solcher Lebensmittel bzw. Lebensmittelbestandteile, die natürlicherweise gesundheitsfördernd sind;

---

[42] Vgl. Aggett et al. 2005; Asp / Contor 2003; Cummings / Pannemans / Persin 2003; Health Council of the Netherlands 2003; Richardson et al. 2003.
[43] Deutscher Bundestag 2006: 25.
[44] Als Health-Claims-Verordnung wird die Verordnung (EG) Nr. 1924/2006 des Europäischen Parlaments und des Rates vom 20. Dezember 2006 über nährwert- und gesundheitsbezogene Angaben über Lebensmittel bezeichnet. Siehe auch Berichtigung der Verordnung (EG) Nr. 1924/2006 vom 18. Januar 2007.
[45] EFSA 2006.

– Entfernung bzw. Reduzierung eines Lebensmittelbestandteils, der unerwünschte Effekte ausübt;
– Anreicherung, Erhöhung der Konzentration eines natürlichen, bereits enthaltenen Lebensmittelbestandteils auf Werte, die die erwarteten Wirkungen auslösen;
– Zusatz von Stoffen, die in den meisten Lebensmitteln normalerweise nicht vorkommen;
– Substitution eines Lebensmittelbestandteils, dessen (übermäßiger) Verzehr unerwünschte Effekte hat, durch einen ernährungsphysiologisch günstiger beurteilten Bestandteil;
– Modifizierung eines oder mehrerer Lebensmittelbestandteile;
– Verbesserung der Bioverfügbarkeit von Lebensmittelinhaltsstoffen, die günstige Wirkungen ausüben;
– Kombinationen der genannten Möglichkeiten.«[46]

Die Tabelle 8[47] verdeutlicht, dass es nicht allein gentechnische, sondern vorwiegend »klassische« biotechnische Verfahren sind, die bei der Umsetzung der Zielvorstellungen eingesetzt werden. Es ist zudem zu bedenken, dass nicht allein Pflanzen für die Entwicklung funktioneller Lebensmittel verwendet werden, sondern auch die oben bereits genannten Organismen und Zusatzstoffe – allerdings ist die Verfügbarkeit bzw. Zugänglichkeit entsprechender Daten begrenzt.

Die Gentechnik bietet gemeinsam mit den klassischen Züchtungsverfahren neue Möglichkeiten, das gesundheitsfördernde Potenzial von Pflanzen zu steigern, indem Pflanzen »neue« Gene eingefügt oder vorhandene stillgelegt werden und so der Gehalt an wünschenswerten Substanzen gesteigert oder an unerwünschten verringert werden kann. In der Pflanzenbiotechnologie werden heute alle Möglichkeiten der konventionellen Züchtung, der Gentechnik und des *smart breedings* genutzt, um Pflanzen hinsichtlich ihrer Gehalte an essenziellen oder physiologisch für den Menschen wichtigen Komponenten zu optimieren. Dies bezieht sich sowohl auf Mikro- als auch auf Makronährstoffe.

Es finden folgende interdisziplinäre Forschungen im Bereich des humanen und pflanzlichen Genoms und der Ernährung statt:
– Identifizierung von Genen bzw. Stoffwechselwegen *(metabolic engineer-*

---
[46] Deutscher Bundestag 2006: 28.
[47] Siehe Tabelle 8 (»Konzeptionelle Ansätze und Technologieoptionen zur Entwicklung und Herstellung funktioneller Lebensmittel«) im Anhang.

ing) für Substanzen mit positiven Effekten für den menschlichen Organismus,
- Aufklärung der physiologischen und molekularen Mechanismen für den speziellen positiven Effekt,
- Identifizierung von biologischen Markern, die unmittelbar mit dem Effekt korrelieren,
- Hinreichender wissenschaftlicher Nachweis des positiven Effekts in Interventionsstudien mit der isolierten Substanz oder noch besser der Substanz in seiner natürlichen Lebensmittelmatrix.
- Entwicklung der gentechnisch veränderten Pflanze und die Zulassung des Lebensmittels oder der Substanz als ein sicheres Erzeugnis mit gesundheitsfördernden Eigenschaften.

Bislang haben erst wenige solcher transgenen Pflanzen oder aus ihnen gewonnene Produkte die Marktzulassung bzw. Marktreife erlangt. Es handelt sich hier vorwiegend um Ölsaaten wie Raps und Sojabohnen mit einem veränderten Fettsäurespektrum. Diese Öle enthalten kaum gesättigte Fettsäuren. Dafür weisen sie aber einen erhöhten Anteil an langkettigen ungesättigten Fettsäuren in einem optimierten Verhältnis auf und beugen der Entstehung von Herzkreislauferkrankungen oder bestimmter Krebsarten vor.

Der wohlbekannte gentechnisch veränderte *Golden Rice* ist z.B. eine Reisvarietät, die nun im Endosperm des Reiskorns ß-Carotin zu synthetisieren vermag. Das ß-Carotin wird im menschlichen Organismus zum Vitamin A transformiert. Der *Golden Rice* mit seinem Pro-Vitamin A-Vorläufer ß-Carotin kann Vitamin A-Mangelerkrankungen vorbeugen, beispielsweise vor Erblindung durch Mangelernährung schützen.

Die meisten Anwendungen transgener Pflanzen als Lieferanten für funktionelle Lebensmittel befinden sich noch in der Forschungsphase bzw. in Gewächshausversuchen zum Nachweis der Funktionsfähigkeit und der gewünschten positiven Eigenschaft(en). Im EU-Raum sind keine funktionellen Lebensmittel, die sich von transgenen Pflanzen ableiten, auf dem Markt. Aufgrund umfassender Forschungsarbeiten und langwieriger Zulassungsverfahren werden solche Lebensmittel wohl nicht innerhalb der nächsten 10 bis 15 Jahre für Verbraucher zugänglich werden.

Die europäische Lebens- und Futtermittelindustrie wendet sich dem Thema nicht unmittelbar aus der Perspektive einer Technikfolgenabschätzung zu, wenngleich deren Inhalte auch die Umsetzbarkeit von entsprechenden Innovationen beeinflussen, sondern aus der Perspektive der möglichen Marktnachfrage. Im Rahmen der Beratungen der »European

Technology Platform: Food for Life«[48], die Beiträge zur Entwicklung einer strategischen Forschungsplanung für das 7. Forschungsrahmenprogramm der Europäischen Union erarbeitete, geht man deshalb von den Präferenzen, der Akzeptanz und den Bedürfnissen des Verbrauchers aus (sogenanntes PAN-Konzept: preference – acceptance – needs). In diesem Zusammenhang knüpft die Industrie an aktuelle Änderungen der Lebens- und Ernährungsstile der europäischen Verbraucher an. Gehe der Trend zu sogenanntem Convenience-Food, so sei eben auch diese Form der Ernährung, nicht selten in der Form des Essens nebenbei (Fast Food) entsprechend zu optimieren: höchste Qualität, »convenience«, Verfügbarkeit und Bezahlbarkeit. Man strebt danach, gefördert durch Forschungsmittel der Europäischen Union, maßgeschneiderte und bedarfsgerechte Lebensmittel zu erzeugen:

»If consumers are to benefit fully from bioactive food constituents, and if industry is to effectively deliver such foods, much more emphasis is needed into:
– Identifying bioactive food constituents and their mechanisms of action,
– Improving bio-processing, targeted delivery,
– Tailoring food formulation to new types of bioactive-containing products of good sensory properties,
– Determining / predicting the effect of food structure on bioactive delivery and transfer to the target site,
– Optimising production of live micro organisms used as delivery vehicles for bioactive components,
– Identifying and exploiting new approaches able to deliver personalised products in large volumes, whilst minimising losses associated with change-overs of products and systems.«[49]

Der Begriff »Gentechnik« taucht in der Liste der Forschungsthemen zwar nicht explizit auf, doch sind gentechnische Verfahren selbstverständlich ebenso gemeint. Daher werden es nicht gentechnisch veränderte Lebensmittel im »klassischen Sinne« (d. h. mit kennzeichnungspflichtigen Zusatzbestandteilen) sein, die entwickelt werden, sondern solche, die sich leichter und effizienter verarbeiten lassen, und solche, die einen Zusatznutzen für den Verbraucher versprechen.

---

[48] Vgl. ETP. URL http://etp.ciaa.be/asp/index.asp [28. Fubruar 2011].
[49] Food for Life 2006: 32.

2.3 Stand der Zulassung und Anbau gentechnisch veränderter Pflanzen für den Lebensmittelbereich

Nach Angaben des *International Service for the Acquisition of Agri-biotech Applications* (ISAAA)[50] wurden im Jahr 2009 weltweit gentechnisch veränderte Pflanzen auf 134 Mio. ha in 25 Ländern von 14 Mio. Landwirten kommerziell angebaut, darunter 16 Entwicklungsländer und neun Industrienationen.[51] Die größten Anbauflächen entfallen auf die USA (64 Mio. ha), Brasilien (21,4 Mio. ha), Argentinien (21,3 Mio. ha), Indien (8,4 Mio. ha), Kanada (8,2 Mio. ha), China (3,7 Mio. ha) Paraguay (2,2 Mio. ha) und Südafrika (2,1 Mio. ha). Gegenwärtig sind 90% der 14 Mio. Landwirte, die gentechnisch veränderte Pflanzen anbauen, Kleinbauern. Neben den 25 Ländern, die gentechnisch veränderte Pflanzen im Jahr 2009 kommerziell angebaut haben, berichtet der ISAAA von zusätzlichen 32 Ländern, in denen die Einfuhr von gentechnisch veränderten Pflanzen für die menschliche Ernährung und für Tierfutter mittlerweile erlaubt ist. Laut Angaben der ISAAA wurden insgesamt 762 Zulassungen für 155 »Events« in 24 Pflanzenarten erteilt.

In Deutschland ist zurzeit nur eine Genpflanze zum Anbau zugelassen: die Genkartoffel *Amflora*. Diese, von der Firma BASF entwickelte Kartoffelsorte wurde im Frühjahr 2010 zugelassen, was zu heftigen Protesten einzelner Mitgliedsstaaten führte.

10 Jahre lang war auch der Anbau der gentechnisch veränderten Maissorte MON 810 der Firma *Monsanto* in Deutschland zugelassen. Seit dem 14. April 2009 ist der Anbau von MON 810 jedoch verboten. Diese Entscheidung begründete die Bundeslandwirtschaftsministerin Ilse Aigner damit, dass MON 810 neuen Studien zufolge eine Gefahr für die Umwelt darstelle. Die gentechnisch veränderte Maissorte wurde im Jahr 2007 auf rund 2.700 ha angebaut. Dies entspricht rund 0,15% der gesamten Maisanbaufläche in Deutschland. Seit 1998 ist der Anbau von MON 810 in der EU zugelassen. Im April 2007 lief die Erstgenehmigung aus. Eine Neuzulassung der gentechnisch veränderten Maissorte ist noch nicht erfolgt.

---

[50] James 2009. *ISAAA* ist eine private, unabhängige Institution, die weltweit den Anbau transgener Pflanzen beobachtet und Erhebungen über die Anbauflächen durchführt. Sie liefert als einzige Institution Zahlenangaben über den weltweiten Anbau. Von Befürwortern werden die Zahlenangaben als realistisch eingeschätzt, während Kritiker sie als überhöht ansehen. Kritisch an dem ISAAA Bericht anzumerken ist, dass dieser Bericht von einem wirtschaftsnahen Institut erstellt wird. Aber leider gibt es keine anderen Zusammenstellungen zu den Entwicklungen der Anbauflächen und der Nutzung transgener Pflanzen.
[51] Gegenüber 2008 ist dies eine Zunahme von 7%, dies entspricht 9 Mio. ha; vgl. James 2009.

Naturwissenschaftliche Sicherheitsbewertungen

Zahlreiche EU-Länder (Frankreich, Griechenland, Ungarn, Österreich, Luxemburg und schließlich auch Deutschland) haben sogenannte nationale Schutzklauseln für sich in Anspruch genommen und den Anbau von MON 810 in ihren Ländern verboten.

3. Naturwissenschaftliche Sicherheitsbewertungen des Einsatzes der Gentechnik in der Lebensmittelproduktion

Bereits im Rahmen des Technikfolgenabschätzungsverfahrens zu transgenen herbizidresistenten Pflanzen am *Wissenschaftszentrum Berlin* (WZB) in den Jahren 1991 bis 1993 wurde das Problem der Sicherheits- bzw. Risikobewertung thematisiert. Es blieb strittig, ob ein *technik- bzw. produktinduzierter* Zugang oder ein *probleminduzierter bzw. kontextorientierter* Zugang angemessen sei. Tatsächlich folgt die naturwissenschaftliche Bewertung einer *technik- bzw. produktinduzierten* Problemstellung. Die Risikovorsorge steht im Vordergrund; es werden keine Nützlichkeits- oder Notwendigkeitsprüfungen vorgenommen. Das heißt, dass das Neue – möglicherweise im Vergleich zu Bestehendem und zugleich Akzeptiertem – einer Bewertung unterzogen wird, jedoch Fragen nach dem Sinn von gentechnisch veränderten Lebensmitteln und inwiefern sie wünschenswert erscheinen, ebenso wie die nach weniger risikoreichen Alternativen in diesem Kontext nur nachrangig Gegenstand dieses Sachstandsberichts sein können bzw. sind.

Im Folgenden werden die Aspekte dargestellt, die aus der Perspektive des technik-/produktinduzierten Zugangs zum Thema diskutiert werden. Probleminduzierte bzw. kontextorientierte Fragestellungen und das Problem der schwierigen Vermittlung zwischen den beiden Konzepten sind Gegenstand der Untersuchung ethischer Aspekte.

Die bereits benannten unterschiedlichen Eintrittspfade der Gentechnik in die Lebensmittelproduktion bedingen, dass die Sicherheitsbewertungen entsprechender gentechnischer Veränderungen und deren Ergebnisse sich unterscheiden. Grundsätzlich geht es zunächst um die gesundheitliche Unbedenklichkeit von Lebensmitteln, die aus oder mit Hilfe von GVO hergestellt wurden. Hinzu kommen Aspekte wie die Wahlfreiheit und der Täuschungsschutz des Konsumenten. Dort, wo Kulturpflanzen oder Nutztiere gentechnisch verändert werden, werden auch ökologische Fragestellungen bedacht.

Die Diskussion über potenzielle ökologische Auswirkungen der Grünen Gentechnik[52] muss im Zusammenhang eines Sachstandsberichts zur Gentechnik in der Lebensmittelproduktion ebenso wenig erneut dargestellt werden, wie der noch relativ neue Bereich gezielter gentechnischer Veränderungen von Nutztieren – mit Ausnahme des Einsatzes der Gentechnik in der Aquakultur, die in Deutschland noch kaum Aufmerksamkeit erlangte. Der vorliegende Bericht wie auch die in diesem Kapitel gebotenen Darstellungen der Sicherheitsbewertungen fokussieren auf das Lebensmittel selbst.

3.1 Grundlegende Aspekte für eine naturwissenschaftliche Sicherheitsbewertung

3.1.1 Schwellen-, Grenz- und Toxizitätswerte

Die Leitfrage einer naturwissenschaftlichen Risikobewertung zum Einsatz der Gentechnik in der Lebensmittelproduktion ist, ob und gegebenenfalls in welcher Weise der Verzehr entsprechender Lebensmittel dem Konsumenten Schaden zufügen könnte. Eine Güterabwägung potenzieller Belastungen des Konsumenten mit möglichem gesundheitlichem bzw. das Wohlbefinden förderndem, wünschenswertem Zusatznutzen ist nicht Gegenstand der Risikobewertung. Voraussetzung einer Zulassung eines Lebensmittels zur Vermarktung ist, dass der Verzehr oder Gebrauch des Lebensmittels, nach aktuellem wissenschaftlichem Stand, keine Gefahren für den Verbraucher birgt. Grundsätzlich soll jeder Verbraucher davon ausgehen können, dass die Lebensmittel, die er kaufen kann, gesundheitlich unbedenklich sind – im rechten Maße genossen (»Die Dosis macht das Gift«) und richtig verwendet.

Orientierung geben in diesem Zusammenhang Schwellenwerte, Grenzwerte und Toxizitätswerte. Schwellenwerte sind politisch vereinbarte Auslöse-Werte z.B. für eine besondere Kennzeichnung. Grenzwerte sind solche, die rechtlich festgelegt wurden, um eine Gefährdung des Verbrauchers durch einen Lebensmittelinhaltsstoff auszuschließen und z.B. behördliches, präventives Handeln zu veranlassen. Grenzwerte sind Kompromisse zwischen Verbot und Erlaubnis und regeln das Miteinander in einer komplexen Industriegesellschaft. Diese sind nicht gleichzusetzen mit Toxizitätswerten, die im Blick auf den Menschen grundsätzlich 100-mal höher angesetzt sind als die dazugehörenden Grenzwerte.

---

[52] Vgl. URL http://www.transgen.de/wissen/diskurs/ [01. Dezember 2010].

3.1.2 Vorsorgeprinzip

Das Vorsorgeprinzip spielt eine wichtige Rolle als Leitprinzip für die Umweltpolitik und das Umweltrecht innerhalb der Europäischen Gemeinschaft. Die Bedeutung des Prinzips wird unterstrichen durch die Mitteilung der EU-Kommission vom Februar 2000, die Stellungnahme des Rats und die Entschließung des Europäischen Parlaments vom Dezember 2000. Die EU-Kommission definiert das Vorsorgeprinzip als Risikomanagementstrategie in Situationen, in denen mögliche Gefahren für die Umwelt oder für die Gesundheit von Menschen, Tieren und Pflanzen wissenschaftlich nicht mit hinreichender Sicherheit bestimmt werden können, aber gleichwohl begründeter Anlass zur Besorgnis besteht, dass mögliche Gefahren mit den von der EU angestrebten hohen Sicherheitsstandards unvereinbar sein könnten.[53] Das Vorsorgeprinzip ist nach Auffassung der Kommission somit als Bestandteil einer strukturierten (mehrstufigen) Risikoanalyse zu sehen. Dabei geht es darum, Risiken zu erkennen und zu bewerten *(risk assessment)*, Risiken zu vermeiden oder zu begrenzen *(risk management)*, und die Öffentlichkeit über erkannte Risiken zu informieren *(risk communication)*.[54]

Die Geltung und Berücksichtigung des Vorsorgeprinzips voraussetzend, kann davon ausgegangen werden, dass erteilte Zulassungen für den Einsatz gentechnischer Verfahren in der Lebensmittelproduktion bzw. für gentechnisch veränderte Lebensmittel nicht auf schwerwiegende Bedenken stoßen. Dass von Seiten kritischer Organisationen gleichwohl auf das Vorsorgeprinzip Bezug genommen und damit eine Ablehnung der Zulassungen begründet wird, zeigt, dass eine verbindliche Interpretation des Vorsorgeprinzips noch immer nicht konsensfähig ist.

---

[53] »The precautionary principle is not defined in the Treaty, which prescribes it only once – to protect the environment. But in practice, its scope is much wider, and specifically where preliminary objective scientific evaluation, indicates that there are reasonable grounds for concern that the potentially dangerous effects on the environment, human, animal or plant health may be inconsistent with the high level of protection chosen for the Community.« (Mitteilung der EU-Kommission vom 2. Februar 2000, Summary, Absatz 3.)

[54] »The precautionary principle should be considered within a structured approach to the analysis of risk which comprises three elements: risk assessment, risk management, risk communication. The precautionary principle is particularly relevant to the management of risk.« (Mitteilung der EU-Kommission vom 2. Februar 2000, Summary, Absatz 4.)

3.1.3 Vergleichender Ansatz

Wesentlich ist, dass im Blick auf Risikoabschätzungen und Risikobeurteilung ein komparativer Ansatz gewählt wird. Es steht zur Diskussion, ob das entsprechende Lebensmittel im Vergleich zu bekannten und gesellschaftlich (auch hinsichtlich ihrer Wirkungen) akzeptierten Lebensmitteln mit erhöhtem Risiko verbunden ist oder nicht. Dieser vergleichende Ansatz geht auf das von der OECD, der WHO und der *Food and Agriculture Organization of the United Nations* (FAO) entwickelte und von anderen Institutionen erweiterte Konzept der *substantiellen Äquivalenz* zurück. Das Konzept der substantiellen Äquivalenz (Gleichwertigkeit) beschreibt per se nicht das Vorgehen für die Sicherheitsbewertung, sondern verlangt, dort wo es anwendbar ist, dass der GVO bzw. das daraus hergestellte Erzeugnis so umfassend wie möglich mit einem vergleichbaren konventionellen Organismus oder Erzeugnis verglichen werden soll. Die Risikopotenziale lassen sich hinreichend bewerten und minimieren, wenn folgende Voraussetzungen vorliegen:

– umfassende Informationen zum Spender- und Wirtsorganismus; insbesondere dann, wenn die Organismen noch nicht traditionell in der Lebensmittelverarbeitung eingesetzt wurden,
– umfassende Kenntnisse über die übertragene genetische Information, die Vektoren, über die Transfermethode und die Anzahl der Genkopien oder von Teilstücken,
– das/die Genprodukt/e ist/sind umfassend charakterisiert und hinreichende toxikologische, ernährungsphysiologische und immunologische Untersuchungen zum Genprodukt und des zum Verzehr bestimmten Erzeugnisses wurden durchgeführt. Dies schließt auch Untersuchungen zu möglichen unerwarteten Effekten durch die gentechnische Modifizierung ein,
– Daten zu Gebrauchs-, Verbrauchs- und Verzehrgewohnheiten wurden erhoben,
– das Verhalten des GVO in der Umwelt wurde untersucht.

Aus dem Vergleich der wissenschaftlich erhobenen Daten (transgen vs. konventionell) können Aussagen zur Un- bzw. Sicherheit der GVO bzw. der Erzeugnisse gemacht werden. Diese vergleichende Bewertung führt somit immer nur zur Aussage, dass das neue Erzeugnis genauso sicher wie das traditionelle, konventionelle Lebensmittel ist, oder, wenn es sich hinreichend über die biologische Schwankungsbreite hinaus unterscheidet, als unsicher angesehen werden muss.

Naturwissenschaftliche Sicherheitsbewertungen

Die im Jahr 2002 eingerichtete *European Food Safety Authority* (EFSA) beschreibt diesen vergleichenden Ansatz zur Sicherheitsbewertung ähnlich.[55] Von entscheidender Bedeutung ist in diesem Zusammenhang, dass stets eine Fall-zu-Fall-Betrachtung erfolgen muss und die Bewertung auf der Basis des Status quo (»baseline«) stattzufinden hat: »There is a need for general surveillance plans using both existing and novel monitoring systems to be able to compare impacts of GM plants and their cultivation with those of conventional plants. The baseline is the current status quo e. g. current conventional cropping or historical agricultural or environmental data.«[56]

3.2 Lebensmittelsicherheit aus der Perspektive der Lebensmittelindustrie

Die bereits genannte »European Technology Platform: Food for Life« sieht die Garantierbarkeit der Lebensmittelsicherheit als Bedingung der Möglichkeit einer Marktdurchsetzung und Wettbewerbsfähigkeit neuer Lebensmittel. Unter Nutzung aller verfügbaren Technologien (hier wird speziell auf die »omics-technologies« Bezug genommen[57]) soll ein integrierter Zugang zur Lebensmittelsicherheit etabliert werden. Nicht allein das einzelne, als sicher erachtete Produkt, sondern die gesamte Erzeugungskette ist hierbei zu berücksichtigen. ETP bezeichnet das Konzept als »Safety by Design«.[58]

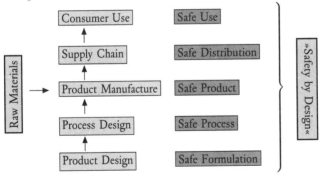

Abb. 1: ETP Safety by Design

---

[55] EFSA 2006: 54.
[56] EFSA 2006: 48.
[57] Vgl. ETP 2006: 38.
[58] ETP 2006: 39.

Naturwissenschaftliche Aspekte der Gentechnik in der Lebensmittelproduktion

Um den erwünschten Grad an Lebensmittelsicherheit gewährleisten zu können, fordert die Industrie die Weiterentwicklung von Monitoring und Vorhersagbarkeit des Verhaltens bekannter und möglicherweise aufkommender chemischer Gefährdungen – einschließlich derer, die aus neuartigen Agenzien erwachsen könnten:

»Chemical contaminants, as a general category should include crop protection agents, veterinary pharmaceuticals, persistent organic pollutants (POPs), heavy metals, and biological toxins, represent known and potential health hazards to humans, most commonly by long-term exposure, through the consumption of contaminated foods.«[59]

Mit den neuen Entwicklungen in der Agrar- und Lebensmittelwirtschaft haben in den letzten Jahren erstmals die unterschiedlichsten wissenschaftlichen Disziplinen, von der Züchtung bis zur Medizin zusammengefunden und ihren wissenschaftlichen Sachverstand eingebracht, um gesunde, sichere und nachhaltig erzeugte Lebensmittel zu entwickeln.

---

[59] ETP 2006: 41.

Tabellen

Tabelle 1: Allgemeine Zielvorstellungen der gentechnischen Modifikation von Kulturpflanzen

Input-Traits (Anbaueigenschaften)
- Widerstandsfähigkeit gegenüber Umweltverhältnissen
- Toleranz gegen Trockenheit, Hitze oder Frost
- Toleranz gegen nährstoffarme Böden, beispielsweise durch Nährstoffverwertung
- Salztoleranz
- Toleranz gegen schwermetallhaltige Böden
- Widerstandsfähigkeit gegen Schaderreger, Viren, Bakterien, Pilze, Nematoden (Fadenwürmer), Insekten, Herbizide
- Erhöhte Platzfestigkeit von Schoten und Hülsen zur Vermeidung von Ernteverlusten
- Steigerung der Photosyntheseleistung

Output-Traits (Eigenschaften des Endprodukts)
- Veränderung von Inhaltsstoffen
- Erhöhung des Gehalts von Nährstoffen
- Einführung neuer Nährstoffe
- Beseitigung toxischer oder Allergie auslösender Inhaltsstoffe
- Optimierung von Fettsäuren (Sättigungsgrad, Kettenlänge)
- Verminderung von Bitterstoffen
- Verbesserung für die industrielle Nutzung (z.B. Veränderung der Stärkezusammensetzung)
- Produktion von Bioplastik (biologisch abbaubares Verpackungsmaterial)
- Lebensmittel für medizinische Anwendungen
- Herstellung von Pharmazeutika oder Spezialchemikalien (Pflanze als Fermenter)
- Erhöhte Haltbarkeit (z.B. Tomate)
- Verzögerte Reifung der Früchte
- Veränderte Farbe, Blütenform

Tabelle 2: Enzyme in der Lebensmittelverarbeitung

Wirtschaftszweig	Verarbeitungsprozess	Enzymatische Reaktion	Enzym
Stärkeverarbeitung	Maltodextrine Glukosesirup HFC (high-fructose corn)-Sirup Fruktosesirup	Abbau von Stärke Hydrolyse von glykosidischen Bindungen, Isomerisierung von Glukose	α-Amylasen β-Amylasen Pullulanase Glukosoisomerase
Milch- und Käseverarbeitung	Präzipation von Casein	Hydrolyse von Kappa-Casein, Vermeidung von Bitterpeptiden	Chymosin – Rennin Endo- / Exopeptidasen Lipasen – Esterasen Lactose
	Käse-Geschmack Laktose-Reduzierung Molke-Süße Konservierung	Hydrolyse von Laktose zu Glukose und Galaktose Entfernung von H_2O_2	Katalase Glucoseoxidase
Brauereiindustrie	Maischebearbeitung Filtrierbarkeit Konditionierung Diabetiker-Biere »Light«-Biere	Hydrolyse von Stärke Glukanen Proteinen Dextinen Maltoseeinheiten	α-Amylasen Glukanasen Endopeptidasen Glukoamylase Pullulanase
Alkohol- und Fruchtsaftherstellung	Maischebearbeitung und Verflüssigung Verzuckerung von Maische Produktausbeute, Aromastoffe Klärung und Filtrierbarkeit Oxidationsschutz	Hydrolyse von Stärke, Cellulose Abbau von Pektinen, Xylanen, Cellulosen Hydrolyse von Glukanen und Stärke Sauerstoffentfernung	α-, β-Amylasen, Cellulasen, Pektinasen, Pektinesterase, Xylanasen, Glucanasen, Amylasen, Glukosidasen Glucoseoxidase

Tabellen

Wirtschafts-zweig	Verarbeitungs-prozess	Enzymatische Reaktion	Enzym
Backwaren-herstellung	Teigführung Brotvolumen Krustenstruktur Frische Kleber-modifizierung Bleichen von Mehlen	Limitierte Hydrolyse von Stärke Bildung von Dextrinen Hydrolyse von Xylanen – von Proteinen – Gluten-modifizierung	α-Amylasen Glucoamylasen Glucosidasen Xylanasen Endopeptidasen Lipoxigenasen
Fleisch-verarbeitung	»Zartheit« Geschmack	Limitierte Hydrolyse von Myofibrillen; Proteinen Aminosäure-freisetzung	Endopeptidasen Exopeptidasen
Süßwaren	Marzipanherstellung »softing«	Saccharosespaltung Abbau von Dextrinen	Invertase Amylasen Glucoamylasen
Eiprodukte	Anti-Bräunung Glucose / O_2-Entfernung	Oxidation von Glucose zu Gluconsäure und H_2O_2	Glucose-Oxidase
Andere	Fett- und Fettsäurenmodifizierung Würze Aminosäuren-gewinnung	Hydrolyse von Estern Transfer von Fettsäuren Hydrolyse von Peptidbindungen	Lipasen Esterasen Endo-/ Exopeptidasen

Naturwissenschaftliche Aspekte der Gentechnik in der Lebensmittelproduktion

Tabelle 3: Auswahl von Produktionsstämmen für industrielle Enzyme

Produktionsstamm	Enzyme
Bakterien	
Bacillus amyloliquefaciens Bacillus licheniformis Bacillus sp. Arthobacter sp. Klebsiella aerogenes Micrococcus lysodeicticus	α-Amylase, neutrale Endopeptidasen (Proteinasen) α-Amylase, Glucoamlyase, β-Glucanase Glucose-Isomerase Glucose-Isomerase Dextranase, Pullulanase Katalase
Filamentöse Pilze	
Aspergillus niger Aspergillus oryzae Canidia lipolytica Penicillium sp. Tichoderma reesei Mucor pusillus; M. michei	α-Amylase, Glucoamylase, Glucose-Oxidase, β-Glucanase, Xylanase, Pektinase, Pektinesterase, Lactase, Invertase, Lipase α-Amylase, Glucoamylase, β-Glucanase, Glucosidasen, Hemicellulasen, Pektinase, Pektinesterase, Lactase Lipase Glucose-Oxidase, Dextranase Cellulase, Hemicellulase, Xylanase, β-Glucanase, Pektinase Esterase, Saure Protease (Proteinase,»Labersatz- stoff«), Lipase
Hefen	
Saccharomyces cerevisiae S. carlsbergensis Kluyveromyces lactis K. fragilis	Invertase, Galactosidase Invertase Lactase, Chymosin Lactase, Inulinase, Invertase

Tabelle 4: Kommerzielle Enzyme aus GVO für die Lebensmittelverarbeitung

Enzym	Anwendungsbereich
α-Amylase	Bäckerei
	Brauerei
	Stärkeverzuckerung
	Brennerei
α-Acetolactat-Decarboxlase	Brauerei
Cellulase	Obst-, Gemüseverarbeitung; Getränke
Chymosin	Molkerei, Käseherstellung
β-Glucanase	Brauerei
α-Glucantransferase	Stärkeverzuckerung
Glucose-Isomerase	Stärkeverzuckerung
Glucose-Oxidase	Bäckerei, Mehl-, Eiverarbeitung
Hemicellulase	Bäckerei
Katalase	Feinkost – Mayonnaise
Lipase	Fett- und Ölverarbeitung
Malto-Amylase	Bäckerei, Konfitüren
Pectinase	Obst- und Gemüseverarbeitung;
Pectinesterase	Getränkeherstellung
Pectinlyase	
Phytase	Tierernährung,
Proteasen	Bäckerei
	Brauerei
	Molkerei
	Fleisch- Fischverarbeitung
	Würze, Aromen
Pullulanase	Brennerei;
	Gemüseverarbeitung
	Stärkeverzuckerung
Xylanase	Brauerei
	Bäckerei
	Stärkeverarbeitung

Tabelle 5: Verwendungsmöglichkeiten von Mikroorganismen

- Mikroorganismen als Starterkulturen,
- Einsatz von Mikroorganismen zur gezielten Veränderung in der chemischen Zusammensetzung und in den sensorischen Eigenschaften von fermentierten Lebensmitteln,
- Mikroorganismen als Schutzkulturen,
- Einsatz von Mikroorganismen zur Hemmung des Wachstums von Lebensmittelpathogenen und anderen unerwünschten Keimen,
- Mikroorganismen als Indikatorkulturen,
- Einsatz von Mikroorganismen zur Erkennung von »Misshandlungen« des Lebensmittels.

Tabelle 6: Eigenschaften und Bedeutung von Starterkulturen[60]

Eigenschaften	Bedeutung in der Lebensmittelverarbeitung
Säurebildung Milchsäure, Essigsäure usw.	Sensorik Konservierung Hemmung von Enzymen Texturbildung
Bildung von Aromastoffen Diacetyl, Acetaldehyd	Produkttypische Geschmacksprofile, Gewinnung natürlicher Aromen
Ausscheidung von Polysacchariden Xanthan, Gellan, Pullulan	Viskositätsaufbau Textur – Stabilisierung
Gasbildung	Sensorik / Mundgefühl Teiggang Lochbildung –Käse
Abbau von Eiweißen und Fetten	Sensorik Texturbildung.
Abbau von Zuckern	Vermeidung der Maillard-Reaktion Lactose-Abbau in Molke
Physiologische Wirkung	Probiotisch wirkende Milch- und Gemüseerzeugnisse Gesundheits- und Wohlsein fördernde Wirkung
Ökologische Konkurrenz	Unterdrückung von Begleitfloren Hemmung des Wachstums von Verderbs- und pathogenen Keimen, natürliche Konservierung

---

[60] Nach: Jany 1998.

Eigenschaften	Bedeutung in der Lebensmittelverarbeitung
Freisetzung von Bacteriocinen	Hemmung von Pathogenen
Nitrat-Reduktion	Umwandlung von Nitrat in Nitrit Farbbildung

Tabelle 7: Spezies von Starterkulturen für die Lebensmittelfermentation[61]

Prokaryonten – Grampositive Bakterien	
Milchsäurebakterien	
Lactobacillus	Milchprodukte, Backwaren, Rohwurst, sauer-fermentiertes Gemüse, Gemüsesäfte, Bier, Wein Joghurt, Käse
Streptomyces	fermentierte Milchprodukte, Butter, Käse
Lactococcus	fermentierte Milchprodukte, Butter, Käse, Wein,
Leuconostoc	fermentiertes Gemüse
Pediococcus	Sojasauce, fermentierter Fisch, Rohwurst, Oliven
Andere aerob und fakultativ anaerobe Bakterien	
Bacillus	Natto
Staphylococcus	Rohwurst
Mircococcus	Käserinde, Käseschmiere
Propionibacterium	Käse
Streptomyces	Rohwurst
Gramnegative Bakterien	
Acetobacter	Essig
Zymomonas	alkoholische Getränke
Halomonas	Rohschinken
Vibrio	Matjes
Eukaryonten	
Schimmelpilze	
Aspergillus	Sojasauce, Sojaprodukte, Rohschinken
Mucor	Käse
Neuospora	Ontjom
Pencillium	Rohwurst, Käse
Geotrichum	Käse
Monascus	roter Reis
Rhizopus	Tempeh

[61] Nach: Jany / Greiner 1998: 44f.

Hefen	
Saccharomyces	Brot, Backwaren, alkoholische Getränke, Sojasauce
Schizosaccharomyces	alkoholische Getränke
Kluyveromyces	Kefir, alkoholische Getränke
Brettanomyces	Bier
Candida	Kefir, Rohwurst
Debaryomyces	Rohwurst

Tabelle 8: Konzeptionelle Ansätze und Technologieoptionen zur Entwicklung und Herstellung funktioneller Lebensmittel[62]

Funktion in / Stufe der Produktionskette	Konzeptionelle Ansätze, technologische Optionen (Auswahl, exemplarisch)
Identifizierung funktioneller Inhaltsstoffe	– funktionelles Screening von Wirkstoffkandidaten, auch in unkonventionellen Lebensmittelquellen (z. B. Exoten, Algen, Mikroorganismen) – funktionelle Genomik, Nutrigenomik
Identifizierung bzw. Modifizierung von Lebensmittelrohstoffen (aus Pflanzen, Tieren, Mikroorganismen) zur Optimierung der funktionellen Inhaltsstoffe	– Screening und Auswahl von Lebensmittelrohstoffen (Pflanzen, Tiere, Mikroorganismen) mit natürlicherweise hohen Gehalten funktioneller Inhaltsstoffe – konventionelle Züchtung – gentechnische Veränderung von Lebensmittelrohstoff liefernden Pflanzen, Tieren, Mikroorganismen mit dem Ziel der Steigerung der Funktionalität – Optimierung von landwirtschaftlichen Produktionsmethoden (Kulturbedingungen, Düngung, Fütterung)[63], Optimierung von Fermentationsverfahren
Bereitstellung der Lebensmittelrohstoffe	– landwirtschaftliche Produktion, Verarbeitung der Agrarprodukte (auch unter Verwendung von GVO) – Kultivierung von Mikroorganismen (Fermentationen)

---

[62] Deutscher Bundestag 2006: 28.
[63] Vgl. Schreiner 2005.

Funktion in / Stufe der Produktionskette	Konzeptionelle Ansätze, technologische Optionen (Auswahl, exemplarisch)
Herstellung funktioneller Inhaltsstoffe	– chemische Synthese – biotechnische Herstellung (fermentative Verfahren, enzymatische Verfahren, auch unter Verwendung von GVO) – Isolierung aus (konventionellen oder gentechnisch modifizierten) Agrarrohstoffen, durch Einsatz traditioneller und neuartiger Gefriertrocknungs-, Extraktions- und Destillationsverfahren (z. B. »klassische« Extraktion mit wässrigen oder organischen Lösungsmitteln, Extraktion mit überkritischem CO_2, Extraktion bei niedrigen Temperaturen und hohen Drücken, Membrantrennverfahren, Hochvakuumdestillation)
Herstellung funktioneller Lebensmittel	– direkte Verwendung funktioneller Lebensmittelrohstoffe (gegebenenfalls gentechnisch verändert) – Technologien zur Veränderung der Lebensmittelmatrix (»matrix engineering«), z. b. Kolloidtechnologie (Lebensmittelgels und -emulsionen), Extrusion, Braten, Backen, Puffen, Vakuumimprägnierung, osmotische Dehydrierung[64], Hochdruckbehandlungen – Mikroverkapselungstechniken (z. B. Sprühtrocknung, Sprühkühlung) – gefrieren, Extrusion, Einschlussverkapselung, Liposomen, u. a.)
Lagerung und Vertrieb	– fortgeschrittene Verpackungstechniken (z. B. kontrollierte / modifizierte Atmosphäre)

Literaturverzeichnis

Aggett, P. J. / Antoine, J. M. / Asp, N. G. / Bellisle, F. / Contor, L. / Cummings, J. H. / Howlett, J. / Müller, D. J. G. / Persin, C. / Pijls, L. T. J. / Rechkemmer, G. / Tuijtelaars, S. / Verhagen, H. / Lucas, J. / Shortt, C. (2005): PASSCLAIM Process for the assessment of scientific support for claims on foods: Consensus on criteria. In: European Journal of Nutrition 44(1).

---

[64] Fito et al. 2001.

Asp, N. G. / Contor, L. (2003): Process for the assessment of scientific support for claims on foods (PASSCLAIM): overall introduction. In: European Journal of Nutrition 42(1).
Busch, R. J. / Haniel, A. / Knoepffler, N. / Wenzel, G. (2002): Grüne Gentechnik. Ein Bewertungsmodell. München: Utz.
Chadwick, R. / Henson, S. / Moseley, B. / Koenen, G. / Likopolous, M. / Midden, C. / Palou, A. / Rechkemmer, G. / Schröder, D. / von Wright, A. (2003): Functional Foods. Berlin: Springer.
Cummings, J. H. / Pannemans, D. / Persin, C. (2003): PASSCLAIM – Report of first plenary meeting including a set of interim criteria to scientific substantiate claims on foods. In: European Journal of Nutrition 42.
Deutscher Bundestag (2006): Bericht des Ausschusses für Bildung, Forschung und Technikfolgenabschätzung (18. Ausschuss) gemäß § 56a der Geschäftsordnung; TA-Projekt: Grüne Gentechnik – transgene Pflanzen der 2. und 3. Generation. Bundestags-Drucksache 16/1211 vom 07.04.2006. URL http://www.bundestag.de/aus schuesse/a18/ber_tech/1601211.pdf [27. September 2006].
EFSA (2006): Guidance document of the Scientific Panel on Genetically Modified Organisms for the risk assessmenf of genetically modified plants and derived food and feed. In: The EFSA Journal 99, 1–100. URL http://www.efsa.europa.eu/science/gmo/gmo_guidance/660/guidance_docfinal1.pdf [15. Juli 2006].
Emnid (2003): Umfrage im Auftrag der Welthungerhilfe. URL http://www.gen technikfreie-regionen.de/fileadmin/content/studien/umfragen/0309_emnid umfrage.pdf [28. Februar 2011].
Eurobarometer (2003): Europeans and Biotechnology (2nd Edition March 21st 2003.) URL http://www.gentechnikfreie-regionen.de/fileadmin/content/studien/umfragen/020321_eurobarometer.pdf [08. Februar 2007].
Food for Life (2006): Stakeholders' Proposal for a Strategic Research Agenda 2006–2020. Brussels. URL http://etp.ciaa.be/documents/ETP_ffl_SSRA_240406.pdf [27. August 2006].
Health Council of the Netherlands (2003): Foods and dietary supplements with health claims. The Hague: Health Council of the Netherlands, publication no. 2003/09E. URL http://www.gr.nl/pdf.php?ID=714&p=1. [20. November 2007].
James, C. (2009): ISAAA Brief 41 – 2009. Global Status of Commercialized Biotech/GM Crops. URL http://www.isaaa.org/ [21. Dezember 2010].
Katan, M. B. / De Roos, N. M. (2004): Promises and problems of functional foods. In: Critical reviews in food science and nutrition 44(5), 369–377.
Menrad, K. (2001): Innovations at the borderline of food, Nutrition and health in Germany – a systems' theory approach. In: Agrarwirtschaft – Zeitschrift für Betriebswirtschaft, Marktforschung und Agrarpolitik 50(6), 331–341.
Preuß, A. (1999): Zur Charakterisierung Funktioneller Lebensmittel. In: Deutsche Lebensmittel-Rundschau 95, 468–472.
Radewahn, P. / Reule, M. (2003): Tiere füttern, heißt Menschen ernähren – Aspekte moderner Nutztierfütterung. In: Forum TTN 9, 29–44.
Richardson, P. / Affordsholt, T. / Asp, N. G. / Bruce, A. / Grossklaus, R. / Howlett, J. / Pannemans, D. / Ross, R. / Verhagen, G. / Viechtbauer, V. (2003): PASSCLAIM – Synthesis and review of existing processes. In: European Journal of Nutrition 42(1)

Stirn, S. (2005): Genetically modified foods – risk assessment, regulation and labelling. In: Potthast, T. / Baumgartner, C. / Engels, E.-M. (Hg.): Die richtigen Maße für die Nahrung. Tübingen: Franke, 73–86.
WHO (2005): Modern food biotechnology, human health and development: an evidence-based study. Geneva. URL http://www.who.int/foodsafety/publications/bio tech/biotech_en.pdf [28. Februar 2011].
Yan, L. / Kerr, P. S. (2002): Genetically engineering crops: their potential use for improvement of human nutrition. In: Nutrition Reviews 60, 135–141.

Richtlinien und Verordnungen

Richtlinie 90/220/EWG des Rates der Europäischen Gemeinschaften vom 23. April 1990 über die absichtliche Freisetzung genetisch veränderter Organismen in die Umwelt. In: Amtsblatt der Europäischen Union vom 8. Mai 1990, L 117, S. 15–27.
Verordnung (EG) Nr. 258/97 des Europäischen Parlaments und des Rates vom 27. Januar 1997 über neuartige Lebensmittel und neuartige Lebensmittelzutaten. In: Amtsblatt der Europäischen Union vom 14. Februar 1997, L 43, S. 1–6.
Verordnung (EG) Nr. 1829/2003 des Europäischen Parlaments und des Rates vom 22. September 2003 über genetisch veränderte Lebensmittel und Futtermittel. In: Amtsblatt der Europäischen Union vom 18. Oktober 2003, L 268, S. 1–23.
Verordnung (EG) Nr. 1830/2003 des Europäischen Parlaments und des Rates vom 22. September 2003 über die Rückverfolgbarkeit und Kennzeichnung von genetisch veränderten Organismen und über die Rückverfolgbarkeit von aus genetisch veränderten Organismen hergestellten Lebensmitteln und Futtermitteln sowie zur Änderung der Richtlinie 2001/18/EG. In: Amtsblatt der Europäischen Union vom 18. Oktober 2003, L 268, S. 24–28.
Verordnung (EG) Nr. 1924/2006 des Europäischen Parlaments und des Rates vom 20. Dezember 2006 über nährwert- und gesundheitsbezogene Angaben über Lebensmittel. In: Amtsblatt der Europäischen Union vom 30. Dezember 2006, L 404.
Berichtigung der Verordnung (EG) Nr. 1924/2006 des Europäischen Parlaments und des Rates vom 20. Dezember 2006 über nährwert- und gesundheitsbezogene Angaben über Lebensmittel. In: Amtsblatt der Europäischen Union vom 18. Januar 2007, L 12, 3–18.
Verordnung (EG) Nr. 1331/2008 des Europäischen Parlaments und des Rates vom 16. Dezember 2008 über ein einheitliches Zulassungsverfahren für Lebensmittelzusatzstoffe, -enzyme und -aromen. In: Amtsblatt der Europäischen Union vom 31. Dezember 2008, L 354, S. 1–6.
Verordnung (EG) Nr. 1332/2008 des Europäischen Parlaments und des Rates vom 16. Dezember 2008 über Lebensmittelenzyme und zur Änderung der Richtlinie 83/417/EWG des Rates, der Verordnung (EG) Nr. 1493/1999 des Rates, der Richtlinie 2000/13/EG, der Richtlinie 2001/112/EG des Rates sowie der Verordnung (EG) Nr. 258/97. In: Amtsblatt der Europäischen Union vom 31. Dezember 2008, L 354, S. 7–15.
Verordnung (EG) Nr. 1333/2008 des Europäischen Parlaments und des Rates vom

31. Dezember 2008 über Lebensmittelzusatzstoffe. In: Amtsblatt der Europäischen Union vom 31. Dezember 2008, L 354, S. 16–33.

Verordnung (EG) Nr. 1334/2008 des Europäischen Parlaments und des Rates vom 31. Dezember 2008 über Aromen und bestimmte Lebensmittelzutaten mit Aromaeigenschaften zur Verwendung in und auf Lebensmitteln sowie zur Änderung der Verordnung (EWG) Nr. 1601/91 des Rates, der Verordnungen (EG) Nr. 2232/96 und (EG) Nr. 110/2008 und der Richtlinie 2000/13/EG Union vom 31. Dezember 2008, L 354, S. 16–33. In: Amtsblatt der Europäischen Union vom 31. Dezember 2008, L 354, S. 34–50.

II. Rechtliche Aspekte

Rudolf Streinz

1. Einführung

Der Einsatz von Gentechnik in der Produktion von Lebensmitteln durch die Landwirtschaft und die Lebensmittelindustrie, die sogenannte »*Grüne Gentechnik*«, ist politisch heftig umstritten. Chancen und Risiken wurden von Anfang an und werden nach wie vor kontrovers diskutiert.[1] Während der seit Beginn der 1990er Jahre mögliche Einsatz der Gentechnik beim Anbau von Pflanzen – insbesondere von Soja und Mais – vor allem in den USA, aber auch in Argentinien, Brasilien, Kanada, China und Paraguay, zunehmend auch in Afrika verbreitet ist,[2] fällt er innerhalb der Europäischen Union und innerhalb Deutschlands quantitativ kaum ins Gewicht.[3] Der Anteil gentechnisch veränderter Lebensmittel[4] in der Europäischen Union ist gering. Anders verhält es sich aber wohl hinsichtlich importierter gentechnisch veränderter Futtermittel. Die Kontroversen bestehen zwischen den Mitgliedstaaten der Europäischen Union sowie innerhalb der Organe der Europäischen Union, dem Rat und dem Europäischen Parlament, aber auch der Kommission selbst. Obwohl der Begriff »Lebens-

---

[1] Vgl. z. B. Bund für Lebensmittelrecht und Lebensmittelkunde (BLL) 1994; Lebensmittelchemische Gesellschaft – Fachgruppe in der GDCh (Gesellschaft Deutscher Chemiker e. V.) 1994; Behrens / Meyer-Stumborg / Simonis 1995; Streinz 1995; Lohner / Sinemus / Gassen 1997; Haniel / Schleissing / Anselm 1998; Spök 1998; Streinz 1999; Meier 2000; Lege 2001; Calliess / Härtel / Veit 2007. Vgl. auch die Nachweise bei Groß 2001: 27 ff.
[2] Vgl. die aktuellen Zahlen zum weltweiten Anbau von genveränderten Pflanzen nach Angaben des International Service for the Acquisition of Agri-Biotech Applications (ISAAA). Weltweit waren es im Jahr 2009 134 Mio. ha transgene Pflanzen, davon 69 Mio. ha Soja, 42 Mio. ha Mais, 16 Mio. ha Baumwolle und 6,4 Mio. ha Raps. Führend sind die USA mit 64 Mio. ha.
[3] In Deutschland waren es 2005 ca. 1.000 ha gentechnisch veränderter Mais. Im Jahr 2008 wird Deutschland in der Liste auf Platz 22 mit insgesamt weniger als 50.000 ha aufgeführt. Vgl. ISAAA 2008. Vgl. auch BLL-Jahresbericht 2008/2009: 113.
[4] Die (mit den anderen der insgesamt 23 Sprachfassungen gleichermaßen verbindliche) deutsche Fassung der EG- bzw. EU-Verordnungen verwendet den Begriff »genetisch veränderte Lebensmittel« (vgl. die Definition in Art. 2 Abs. 1 Nr. 6 der Verordnung (EG) Nr. 1829/2003).

mittel« im EG-Vertrag nicht vorkam und auch jetzt nach dem Inkrafttreten des Vertrags von Lissabon im Vertrag über die Europäische Union und im Vertrag über die Arbeitsweise der Europäischen Union nicht vorkommt, wird das Lebensmittelrecht und damit auch das Recht gentechnisch veränderter Lebensmittel vom Recht der Europäischen Union (EU) dominiert.[5]

2. Die Regelungsbedürftigkeit der Grünen Gentechnik

In ihrer »neuen Strategie« listete die EU-Kommission 1985 »gewisse Verfahren der Biotechnologie« sowie möglicherweise »andere Verfahren und Behandlungen« unter den im Rahmen des Binnenmarktkonzepts harmonisierungsbedürftigen Materien auf.[6] Grund dafür waren bereits damals bestehende oder – wie die Entwicklung zeigte, zu Recht – erwartete Rechtsvorschriften der Mitgliedstaaten,[7] die als Maßnahmen zum Schutz der öffentlichen Gesundheit gemäß Art. 36 des Vertrags über die Arbeitsweise der Europäischen Union (AEUV) *(ex–Art. 30 Vertrag zur Gründung der Europäischen Gemeinschaft (EGV))*[8] gerechtfertigt werden können, damit aber zugleich zu ungleichen Wettbewerbsbedingungen und Handelshemmnissen führen und das Funktionieren des gemeinsamen Marktes unmittelbar beeinträchtigen können. Maßnahmen des vorbeugenden Gesundheitsschutzes sind angesichts potenzieller Gefahren, die gentechnische Veränderungen von Pflanzen und Tieren und daraus hergestellte Lebensmittel mit sich bringen, gerechtfertigt und erforderlich. Soweit die Kompetenz der EG reicht, tritt sie an die Stelle der Mitgliedstaaten in der Erfüllung der originären Staatsaufgabe des Gesundheitsschutzes. Der Gesundheitsschutz als solcher obliegt den Mitgliedstaaten, die EG hat lediglich eine Ergänzungs- und Unterstützungskompetenz (Art. 168 AEUV/ ex-*Art. 152 EGV*). Soweit jedoch der innergemeinschaftliche Warenverkehr und damit der Binnenmarkt betroffen sind, besteht die Kompetenz zur Angleichung der Rechts- und Verwaltungsvorschriften der Mitgliedstaaten (Harmonisierungskompetenz) gemäß Art. 114 AEUV *(ex–Art. 95*

---

[5] Vgl. Meyer / Streinz / Streinz 2007: Einf Rn 9 ff.
[6] Weißbuch der Kommission Dokument KOM (85) 310.
[7] Vgl. dazu Streinz / Leible 1992: 99 f.
[8] Mit *AEUV* wird der Vertrag über die Arbeitsweise der Europäischen Union abgekürzt, der laut Vertrag von Lissabon seit dem 01. Dezember 2009 den Vertrag zur Gründung der Europäischen Gemeinschaft (EGV) ablöst. Der Übersicht halber werden häufig sowohl die Nummerierungen des AEUV als auch des EGV genannt.

EGV). Dabei geht die Kommission im Bereich Gesundheitsschutz von einem »hohen Schutzniveau« aus (Art. 114 Abs. 3 AEUV/*ex-Art. 95 Abs. 3 EGV)*.

3. Überblick über die Entwicklung der gemeinschaftsrechtlichen (jetzt unionsrechtlichen) und der deutschen Regelungen

3.1 GVO-System- und GVO-Freisetzungsrichtlinie der EG

Am 23. April 1990 erließ die EG zwei Richtlinien über die Anwendung genetisch veränderter Mikroorganismen, nämlich die auf die Umweltkompetenz (damals *Art. 130s Vertrag zur Gründung der Europäischen Wirtschaftsgemeinschaft (EWGV)*, jetzt Art. 192 AEUV/*exArt. 175 EGV*) gestützte *Richtlinie 90/219/EWG des Rates über die Anwendung genetisch veränderter Mikroorganismen in geschlossenen Systemen* (EG-Systemrichtlinie)[9] und die auf die Binnenmarktkompetenz (damals *Art. 100a EWGV*, jetzt Art. 114 AEUV/ex-*Art. 95 EGV*) gestützte *Richtlinie 90/220/EWG des Rates über die absichtliche Freisetzung genetisch veränderter Organismen* (kurz: GVO) *in die Umwelt* (EG-Freisetzungsrichtlinie)[10]. Letztere war die Grundlage für Freilandversuche mit gentechnisch veränderten Pflanzen. Auf ihrer Basis wurden in zwölf Jahren 18 gentechnisch veränderte Organismen als Produkte zugelassen.[11] Ab 1998 kam es aufgrund eines sogenannten Moratoriums zur faktischen Aussetzung der Richtlinie.[12] Um einerseits den Bedenken gegen die Grüne Gentechnik Rechnung zu tragen, andererseits Letztere wieder zu ermöglichen, wurde diese Richtlinie durch die gleichnamige Richtlinie 2001/18/EG des Europäischen Parlaments und des Rates aufgehoben und ersetzt.[13] Diese EG-Freisetzungsrichtlinie ist für die Gentechnik in der Lebensmittelproduktion von Bedeutung.[14]

---

[9] Richtlinie 90/219/EWG; nach mehrfachen Änderungen neu gefasst durch RL 2009/41EG des Europäischen Parlaments und des Rates vom 6. Mai 2009 (Abl. 2009 Nr. L 125/75). Aktuelle Fassung in Herdegen 2009: Teil 3, II.1.
[10] Richtlinie 90/220/EWG.
[11] Herdegen / Herdegen / Dederer 2009: Teil 3, I.2, S. 3.
[12] Vgl. dazu Lohninger 2007: 321 ff.
[13] Richtlinie 2001/18/EG; mehrfach geändert, zuletzt durch Richtlinie 2008/27/EG. Aktuelle Fassung in Herdegen 2009: Teil 3, II.2.
[14] Vgl. Abschnitt II.4.3 (Die EG-Freisetzungsrichtlinie).

Rechtliche Aspekte

3.2 Novel Food-Verordnung der EG

Die Brisanz des Themas »Grüne Gentechnik« zeigte sich im Rechtsetzungsprozess der *Verordnung (EG) Nr. 258/97 des Europäischen Parlaments und des Rates über neuartige Lebensmittel und Lebensmittelzutaten* (sogenannte Novel Food-Verordnung – NFVO)[15]. Besonders umstritten waren der Anwendungsbereich, das Verfahren sowie die Kennzeichnung hinsichtlich dieses Teils der sogenannten »Novel Food« (neue und neuartige Lebensmittel und Lebensmittelzutaten), nämlich den gentechnisch veränderten Lebensmitteln. Erst nach heftigen Kontroversen gelang 1995 die Einigung auf einen gemeinsamen Standpunkt des Rates. Da die Kommission die vom Europäischen Parlament im hinsichtlich Art. 114 AEUV/ex-Art. 95 EGV einschlägigen Mitentscheidungsverfahren (Art. 294 AEUV/ex-Art. 251 EGV) vorgenommenen Abänderungen in wesentlichen Punkten ablehnte, war ein Vermittlungsverfahren erforderlich. Am 27. Januar 1997 wurde die Novel Food-Verordnung – NFVO[16] erlassen, die am 15. Mai 1997 in Kraft trat. Als Verordnung gilt sie unmittelbar in jedem Mitgliedstaat (Art. 288 Abs. 2 AEUV/ex-Art. 249 Abs. 2 EGV).

3.3 Sonderregelungen für GVO-Lebensmittel

Die praktische Anwendung der NFVO bereitete die Probleme, die sich bereits im Rechtsetzungsprozess zeigten. Hinsichtlich gentechnisch veränderter Produkte, deren Einfuhr die Kommission bereits genehmigt hatte[17] und daher als *nicht* neuartig einstufte, wurde eine besondere Kennzeichnungsregelung für »Übergangsprodukte« getroffen, um sie schon aus Wettbewerbsgründen mit »neuen« Produkten gleich zu behandeln.[18] Die in der NFVO ursprünglich auch erfassten neuartigen Lebensmittel und Lebensmittelzutaten – die GVO im Sinne der EG-Freisetzungsricht-

---

[15] Verordnung (EG) Nr. 258/97. Mehrfach geändert. Aktuelle Fassung in Meyer 2010: Nr. 2010.
[16] Verordnung (EG) Nr. 258/97. Mehrfach geändert. Aktuelle Fassung in Meyer 2010: Nr. 2010.
[17] Entscheidung Nr. 96/281/EG: »gentechnisch verändertes Soja«; Entscheidung Nr. 97/98/EG: »gentechnisch veränderter Mais«.
[18] Sogenannte »Übergangsverordnungen«, Verordnung (EG) Nr. 1813/97; Verordnung (EG) Nr. 1139/98; aufgehoben durch die Verordnung (EG) Nr. 1829/2003 (»Gennahrungsmittelverordnung«, siehe dazu auch Abschnitt II.4.1 (Die EG-Verordnung über genetisch veränderte Lebensmittel und Futtermittel).

linie enthalten oder aus solchen bestehen sowie Lebensmittel und Lebensmittelzutaten, die aus GVO hergestellt werden, solche jedoch nicht enthalten – bergen in ihrer Entwicklung und praktischen Verwendung in sich spezielle Sicherheitsrisiken und erfordern daher spezielle Sicherheitsanforderungen. Diese – wie bereits die wegen des Grundsatzes der Verhältnismäßigkeit gebotene differenzierte Regelung in der NFVO gezeigt hatte – unterscheiden sich von den Sicherheitsanforderungen an andere neuartige Lebensmittel. Das Gentechnikrecht wurde durch die EG-Freisetzungsrichtlinie und die Regelung der allgemeinen Grundsätze des Lebensmittelrechts unter Einbeziehung des Futtermittelrechts durch die *Verordnung (EG) Nr. 178/2002 des Europäischen Parlaments und des Rates vom 28. Januar 2002 zur Festlegung der allgemeinen Grundsätze und Anforderungen des Lebensmittelrechts, zur Errichtung der Europäischen Behörde für Lebensmittelsicherheit und zur Festlegung von Verfahren zur Lebensmittelsicherheit* (sogenannte Basisverordnung – BasisVO)[19] neu geregelt. Danach sah sich der Gemeinschaftsgesetzgeber bzw. jetzt Unionsgesetzgeber (Europäisches Parlament und Rat gemeinsam auf Vorschlag der Kommission, vgl. Art. 294 AEUV/ ex-*Art. 251 EGV*) veranlasst, das Zulassungsverfahren für genetisch veränderte Lebensmittel einfacher und transparenter zu gestalten, das Anmeldeverfahren für genetisch veränderte Lebensmittel wegen der dort nicht »eigentlich« erfolgenden Sicherheitsprüfung aufzugeben und auch für Futtermittel, die aus GVO bestehen oder diese enthalten oder daraus hergestellt werden, ein einheitliches, effizientes und transparentes gemeinschaftliches Zulassungsverfahren festzulegen. Für diese neuen Zulassungsverfahren für genetisch veränderte Lebensmittel und Futtermittel sollten die neuen Grundsätze gelten, die mit der GVO-Freisetzungsrichtlinie der EG eingeführt worden sind. Die Zulassungsverfahren sollten ferner dem neuen Rahmen für die Risikobewertung in Fragen der Lebensmittelsicherheit Rechnung tragen, der durch die Basisverordnung geschaffen worden ist.[20] Daher wurden die gentechnisch veränderten Lebensmittel aus dem Katalog der NFVO herausgenommen und in speziellen Vorschriften geregelt, nämlich der *Verordnung (EG) Nr. 1829/2003 des Europäischen Parlaments und des Rates vom 22. September 2003 über genetisch veränderte Lebensmittel und Futtermittel*[21] (Gennahrungsmittelverordnung –

---

[19] Verordnung (EG) Nr. 178/2002. Mehrfach geändert. Aktuelle Fassung in Meyer 2010: Nr. 1.
[20] Vgl. die Risikoanalyse gemäß Art. 6 BasisVO. Vgl. dazu auch Meyer / Streinz / Meyer 2007: Art. 6 Verordnung (EG) Nr. 178/2002 Rn 1 ff. mit weiteren Nachweisen; Zipfel / Rathke / Rathke 2010: C 101, Art. 6, Rn 1 ff.
[21] Verordnung (EG) Nr. 1829/2003. Aktuelle Fassung in Meyer 2009: Nr. 2000; Herdegen 2009: Teil 3, II.5.

Rechtliche Aspekte

GennahrungsmittelVO)[22] und der *Verordnung (EG) Nr. 1930/2003 des Europäischen Parlaments und des Rates vom 22. September 2003 über die Rückverfolgbarkeit und Kennzeichnung von genetisch veränderten Organismen und über die Rückverfolgbarkeit von aus genetisch veränderten Organismen hergestellten Lebensmitteln und Futtermitteln sowie zur Änderung der Richtlinie 2001/18/EG*[23] (EG-Kennzeichnungs- und Rückverfolgbarkeitsverordnung).

3.4 Deutsche Regelungen

3.4.1 Gentechnikgesetz und EG-Gentechnik-Durchführungsgesetz

In Deutschland wurde am 20. Juni 1990 das *Gesetz zur Regelung der Gentechnik* (Gentechnikgesetz – GenTG) erlassen.[24] Es setzt die EG-Systemrichtlinie und die EG-Freisetzungsrichtlinie um.[25] Das *Gesetz zur Durchführung der Verordnungen der Europäischen Gemeinschaft auf dem Gebiet der Gentechnik und über die Kennzeichnung ohne Anwendung gentechnischer Verfahren hergestellter Lebensmittel* (EG-Gentechnik-Durchführungsgesetz – EGGenTDurchfG) vom 22. Juni 2004[26] ergänzt die EG-Gennahrungsmittelverordnung und die EG-Kennzeichnungs- und Rückverfolgbarkeitsverordnung.[27]

3.4.2 Neuartige Lebensmittel und Lebensmittelzutaten-Verordnung

Die *Verordnung zur Durchführung gemeinschaftsrechtlicher Vorschriften über neuartige Lebensmittel und Lebensmittelzutaten* (Neuartige Lebensmittel- und Lebensmittelzutaten-Verordnung – NLV) vom 19. Mai 1998[28] ergänzt die NFVO. Durch die Sonderregelung der gentechnisch veränderten Lebensmittel fallen diese nicht mehr unter diese Verordnung. Damit ist inso-

---

[22] Siehe hierzu Abschnitt II.4.1 (Die EG-Verordnung über genetisch veränderte Lebensmittel und Futtermittel (GennahrungsmittelVO)).
[23] Verordnung (EG) Nr. 1830/2003. Abgedruckt in Meyer 2009: Nr. 2005; Herdegen 2009: Teil 3, II. 7.
[24] GenTG. Aktuelle Fassung in Meyer 2010: Nr. 2080.
[25] Siehe dazu Abschnitt II.5.1 (Gentechnikgesetz).
[26] EGGenTDDurchfG. Aktuelle Fassung in Meyer 2010: Nr. 2090.
[27] Siehe dazu Abschnitt II.5.2 (EG-Gentechnik-Durchführungsgesetz).
[28] Gesundheitseinrichtungen – Kostenverordnung – GesundKostV. Aktuelle Fassung in Meyer 2010: Nr. 2110.

weit auch nicht mehr die NLV, sondern das EG-Gentechnik-Durchführungsgesetz[29] maßgeblich.

4. Die Regelungen der EU über gentechnisch veränderte Lebensmittel

4.1 Die EG-Verordnung über genetisch veränderte Lebensmittel und Futtermittel (GennahrungsmittelVO)

4.1.1 Überblick

Die EG-Verordnung Nr. 1829/2003 über genetisch veränderte Lebensmittel und Futtermittel (sogenannte Gennahrungsmittelverordnung) erfasst die aus der NFVO ausgenommenen »Gen-Lebensmittel«. In den Erwägungsgründen wird u. a. die Erforderlichkeit eines einheitlichen Genehmigungsverfahrens angeführt, da für diese Kategorie von Novel Food ein bloßes Anmeldeverfahren wegen der in jedem Fall erforderlichen Sicherheitsprüfung nicht genüge. Einbezogen werden sollen auch Futtermittel. Das Genehmigungsverfahren soll klar, transparent und effizient ausgestaltet werden. Ziel dieser Verordnung ist es, die Grundlage für ein hohes Schutzniveau für Leben und Gesundheit des Menschen zu schaffen sowie Gesundheit und Wohlergehen der Tiere, die Belange der Umwelt und die Verbraucherinteressen im Zusammenhang mit genetisch veränderten Lebensmitteln und Futtermitteln sicherzustellen und ein reibungsloses Funktionieren des Binnenmarktes zu gewährleisten. Dazu sollen gemeinschaftliche Verfahren für die Zulassung und die Überwachung und Bestimmungen für die Kennzeichnung solcher Lebensmittel und Futtermittel festgelegt werden (Art. 1). Art. 2 enthält wesentliche Begriffsbestimmungen, wobei auf die EG-Basisverordnung und die EG-Freisetzungsrichtlinie verwiesen wird.[30] Kapitel II regelt die Zulassung und Überwachung (Art. 3–11) und die Kennzeichnung (Art. 12–14) genetisch veränderter Le-

---

[29] Siehe dazu Abschnitt II.5.2 (EG-Gentechnik-Durchführungsgesetz).
[30] Erläuterung der Definitionen bei Zipfel / Rathke / Rathke 2010: C 154, Art. 2 Rn 2 ff. Der Verweis auf die Verordnung (EG) Nr. 178/2002 in Art. 2 Nr. 1 der Verordnung (EG) Nr. 1829/2003 betrifft die grundlegenden Begriffe »Lebensmittel« (Verordnung (EG) Nr. 178/2002: Art. 2) und »Futtermittel« (Verordnung (EG) Nr. 178/2002: Art. 3 Nr. 4), ferner »Endverbraucher« (Verordnung (EG) Nr. 178/2002: Art. 3 Nr. 18), »Lebensmittelunternehmen« (Verordnung (EG) Nr. 178/2002: Art. 3 Nr. 2) und »Futtermittelunternehmen« (Verordnung (EG) Nr. 178/2002: Art. 3 Nr. 5).

bensmittel. Kapitel III enthält entsprechende Bestimmungen für Futtermittel (Art. 15–23 bzw. Art. 24–26). Dies macht den ganzheitlichen Ansatz deutlich, ein hohes Schutzniveau für die gesamte Lebensmittelkette vom Produzenten zum Verbraucher (»vom Acker auf den Tisch«, »from farm to fork«) zu gewährleisten. Dem dienen auch das Erfordernis eines einheitlichen Antrags (Art. 5 und Art. 7) und das Ergehen einer einheitlichen Stellungnahme der Europäischen Behörde für Lebensmittelsicherheit (European Food Safety Authority – EFSA)[31] und einer einheitlichen Entscheidung der EG-Kommission, wann ein Produkt sowohl als Lebensmittel als auch als Futtermittel verwendet werden kann (Art. 27 Abs. 1). Die EFSA prüft, ob der Antrag für beides gestellt werden sollte (Art. 27 Abs. 2). Letzteres ist in Kapitel IV mit gemeinsamen Vorschriften für Lebensmittel und Futtermittel geregelt. Kapitel IV regelt ferner das Gemeinschaftsregister für genetisch veränderte Lebensmittel und Futtermittel, das der Öffentlichkeit zugänglich gemacht wird (Art. 28), ebenso wie der Zulassungsantrag und die Stellungnahmen der zuständigen Behörden – vorbehaltlich der Erfordernisse der Vertraulichkeit von Geschäftsgeheimnissen und des Datenschutzes (Art. 29–31). Kapitel IV regelt ferner das gemeinschaftliche Referenzlabor (Art. 32), die Beratung mit der Europäischen Gruppe für Ethik der Naturwissenschaften und der Neuen Technologien (EGE) (Art. 33), Sofortmaßnahmen bei ernsten Risiken für die Gesundheit von Mensch oder Tier oder für die Umwelt (Art. 34) sowie Überprüfungsbefugnisse der EU-Kommission (Art. 36).

4.1.2 Anwendungsbereich

Gemäß Art. 3 Abs. 1 lit. a der GennahrungsmittelVO findet die Verordnung Anwendung auf zur Verwendung als Lebensmittel (Definition in Art. 2 BasisVO, auf den Art. 2 Nr. 1 der GennahrungsmittelVO verweist) oder zur Verwendung in Lebensmitteln bestimmte (Definition in Art. 2 Nr. 8) GVO im Sinne von Art. 2 Nr. 2 der EG-Freisetzungsrichtlinie (Definition in Art. 2 Nr. 5). Wie die Kennzeichnungsregelung in Art. 12 Abs. 1 zeigt, sind maßgebliche Produktgruppen die in Art. 1 lit. b und lit. c genannten. Insoweit werden inhaltlich die Kategorien aus Art. 1 Abs. 2 lit. a bzw. b der NFVO übernommen. Gemäß Art. 3 Abs. 1 lit. b sind dies Lebensmittel, die GVO enthalten oder aus solchen bestehen. Ein Beispiel für ein Lebensmittel, das aus einem GVO besteht, ist eine gentechnisch

---

[31] Vgl. zur EFSA Meyer / Streinz / Streinz 2007: Einf Rn 67.

veränderte Tomate.³² Darunter fallen auch Lebensmittel, die mit einem gentechnisch veränderten Lebensmittel hergestellt werden, das selbst noch GVO enthält oder daraus besteht, z.B. eine Pizza, die mit einer entsprechenden Tomate belegt wird.³³ Art. 3 Abs. 1 lit. c erfasst Lebensmittel, die aus GVO hergestellt werden oder Zutaten enthalten, die aus GVO hergestellt werden. »Hergestellt aus GVO« bedeutet gemäß der Definition in Art. 2 Nr. 10 vollständig oder teilweise aus GVO abgeleitet, aber keine GVO enthaltend oder daraus bestehend. Beispiele dafür sind u.a. Zucker aus transgenen Zuckerrüben, Pflanzenöl aus herbizidtoleranten Sojabohnen oder transgenem Raps sowie Tomatenketchup aus einer gentechnisch veränderten Tomate.³⁴ Gemäß der Definition in Art. 2 Nr. 6 sind sowohl die Lebensmittel, die GVO enthalten oder daraus bestehen, als auch die aus GVO hergestellten Lebensmittel »genetisch veränderte Lebensmittel«.³⁵

Art. 15 enthält entsprechende Bestimmungen für Futtermittel.

4.1.3 Anforderungen an gentechnisch veränderte Lebensmittel und Futtermittel

Von der GennahrungsmittelVO erfasste gentechnisch veränderte Lebensmittel und Futtermittel dürfen keine nachteiligen Auswirkungen auf die Gesundheit von Mensch oder Tier sowie für die Umwelt haben, die Verbraucher nicht irreführen und sich von den Lebensmitteln, die sie ersetzen sollen, nicht so stark unterscheiden, dass ihr normaler Verzehr Ernährungsmängel für den Verbraucher mit sich bringt (Art. 4 Abs. 1). Entsprechende Anforderungen gelten für Futtermittel (Art. 16 Abs. 1). Sie dürfen ferner den Verbraucher nicht dadurch schädigen oder irreführen, dass die spezifischen Merkmale der tierischen Erzeugnisse beeinträchtigt werden (Art. 16 Abs. 1 lit. c). Die Anforderungen an den Gesundheitsschutz und den Verbraucherschutz entsprechen den allgemeinen Anforderungen an die Lebensmittelsicherheit bzw. Futtermittelsicherheit sowie dem allgemeinen Irreführungsverbot, die in der Basisverordnung festgelegt sind (Art. 14 bzw. Art. 15 BasisVO; Art. 16 BasisVO). Den besonderen Risiken gentechnisch veränderter Lebensmittel wird dadurch Rechnung getragen,

---

[32] Vgl. zur FlavrSavr-Tomate und zu weiteren Produkten (hinsichtlich Art. 1 Abs. 2 lit. a alte Fassung der NFVO) Meyer 2002: Rn 173 ff.
[33] Vgl. Streinz / Kalbheim 2006: 138.
[34] Vgl. zu Art. 1 Abs. 2 lit. b alte Fassung der NFVO Meyer 2002: Rn 185 ff.
[35] Vgl. zur »kafkaesken Verwirrung und Not«, die sich beim Durchkämpfen durch die Normenketten des Gentechnikrechts einstellt Wegener 2007: 81.

dass ihr Inverkehrbringen einem Zulassungsverfahren unterworfen wird (Art. 4 Abs. 2). Während im Lebensmittelrecht allgemein das sogenannte Missbrauchsprinzip gilt, wonach Lebensmittel eigenverantwortlich, d. h. ohne vorherige Zulassung, in den Verkehr gebracht werden dürfen, und der Inverkehrbringer für die Beachtung der gesetzlichen Anforderungen (Art. 14, Art. 15 BasisVO; in Deutschland aufgegriffen bzw. ergänzt in § 5, § 17, § 11, § 19 Lebensmittel- und Futtermittelgesetzbuch – LFGB[36]) verantwortlich ist, unterliegen Produkte, für die ein entsprechendes (potenzielles) Risiko angenommen wird, dem sogenannten Verbotsprinzip, d. h. sie bedürfen einer Zulassung durch die zuständige Behörde nach einem entsprechenden Prüfverfahren.

4.1.4 Zulassung gentechnisch veränderter Lebensmittel und Futtermittel

4.1.4.1 Zulassungserfordernis

Gemäß Art. 4 Abs. 2 der GennahrungsmittelVO darf niemand einen zur Verwendung als Lebensmittel / in Lebensmitteln bestimmten GVO oder ein in Art. 3 Abs. 1 genanntes Lebensmittel in Verkehr bringen, wenn der Organismus oder das Lebensmittel nicht über eine gemäß Abschnitt 1 (Zulassung und Überwachung) der GennahrungsmittelVO erteilte Zulassung verfügt und die entsprechenden Zulassungsvoraussetzungen erfüllt. Art. 16 Abs. 2 sieht dasselbe für Futtermittel vor. Die Zulassung darf nicht erteilt werden, wenn der Antragsteller nicht in geeigneter und ausreichender Weise nachgewiesen hat, dass der Organismus oder das Lebensmittel die Anforderungen an gentechnisch veränderte Lebensmittel bzw. Futtermittel erfüllt. Die in Art. 47 vorgesehenen Übergangsmaßnahmen für Lebensmittel bzw. Futtermittel mit einem GVO-Anteil von nicht mehr als 0,5 % galten nur bis zum 7. November 2006 (Art. 47 Abs. 4).

4.1.4.2 Zulassungsverfahren

Anders als die Novel Food-Verordnung sieht die GennahrungsmittelVO ein einheitliches Zulassungsverfahren (»one door – one key«) für gentechnisch veränderte Lebensmittel vor. Die Zulassung von GVO-Lebensmitteln kann umfassen: einen GVO und Lebensmittel, die diesen GVO enthalten oder aus ihm bestehen, Lebensmittel, die aus diesem GVO hergestellte Zutaten enthalten oder aus solchen Zutaten hergestellt sind, Lebensmittel, die aus einem GVO hergestellt sind, Lebensmittel, die aus

---

[36] LFGB. Aktuelle Fassung in Meyer 2010: Nr. 50.

diesem Lebensmittel hergestellt sind oder dieses enthalten, ferner eine aus einem GVO hergestellte Zutat sowie Lebensmittel, die diese Zutat enthalten (Art. 4 Abs. 4). Eine entsprechende Regelung sieht Art. 16 Abs. 4 für Futtermittel vor. Der Antragsteller und nach Erteilung der Zulassung deren Inhaber oder sein Vertreter muss in der EU ansässig sein (Art. 2 Abs. 6). Der Antrag ist an die zuständige nationale Behörde eines Mitgliedstaats[37] zu richten. Diese leitet den Antrag und die vom Antragsteller gelieferten sonstigen Informationen an die EFSA weiter. Die EFSA unterrichtet die anderen Mitgliedstaaten und die EU-Kommission über den Antrag, stellt ihnen den Antrag und die Informationen zur Verfügung und macht der Öffentlichkeit eine Zusammenfassung des Dossiers aus dem Antrag zugänglich. Der Inhalt des Antrags soll der EFSA ermöglichen, eine wissenschaftliche Risikoabschätzung sowohl hinsichtlich der Risiken für die Umwelt als auch hinsichtlich der Risiken für die Gesundheit von Menschen und Tieren vorzunehmen. Der Antrag muss daher neben dem Namen des Antragstellers und der Bezeichnung des Lebensmittels und seiner Spezifikation einschließlich zugrundeliegender Transformationsereignisse u. a. enthalten: gegebenenfalls eine ausführliche Beschreibung des Herstellungs- und Gewinnungsverfahrens, eine Kopie der durchgeführten Studien, eine Analyse zum nicht bestehenden Unterschied zu herkömmlichen Erzeugnissen bzw. einen Vorschlag zur Kennzeichnung bestehender Unterschiede, eine begründete Erklärung, dass das Lebensmittel keinen Anlass zu ethischen oder religiösen Bedenken gibt bzw. einen Vorschlag zu seiner Kennzeichnung, gegebenenfalls die Bedingungen des Inverkehrbringens des Lebensmittels oder der aus diesem Lebensmittel hergestellten Lebensmittel einschließlich spezifischer Bedingungen für Verwendung und Handhabung, Verfahren zum Nachweis, zur Probenahme und zur Identifizierung des Transformationserzeugnisses sowie gegebenenfalls zum Nachweis und zur Identifizierung des Transformationserzeugnisses in dem Lebensmittel oder den daraus hergestellten Lebensmitteln, Proben des Lebensmittels und ihre Kontrollproben sowie Angaben des Ortes, an dem das Referenzmaterial zugänglich ist, gegebenenfalls einen Vorschlag für eine marktbegleitende Beobachtung der Verwendung des für den menschlichen Verzehr bestimmten Lebensmittels sowie eine Zusammenfassung des Dossiers in standardisierter Form. Schließlich sind dem Antrag gegebenenfalls auch die nach Anlage II zum Protokoll von Cartagena über die biologische Sicherheit zum Übereinkommen über die biologische

---

[37] Siehe dazu Abschnitt II.5.2 (EG-Gentechnik-Durchführungsgesetz).

Rechtliche Aspekte

Vielfalt[38] erforderlichen Angaben beizufügen.[39] Im Falle von GVO oder Lebensmitteln, die GVO enthalten oder aus solchen bestehen (Art. 3 Abs. 1 lit. a und b), sind dem Antrag die vollständigen technischen Unterlagen über die gemäß den Anhängen III und IV der EG-Freisetzungsrichtlinie erforderlichen Informationen sowie Angaben und Schlussfolgerungen zu der gemäß in Anhang II dieser Richtlinie genannten Grundsätzen durchgeführten Risikobewertung oder – sofern das Inverkehrbringen des GVO gemäß Teil C dieser Richtlinie zugelassen wurde – eine Kopie der Entscheidung über die Zulassung beizufügen, ferner ein Plan zur Beobachtung der Umweltauswirkungen gemäß Anhang VII der Richtlinie, einschließlich eines Vorschlags für die Länge des Beobachtungszeitraums (Art. 5 Abs. 5).

Bei der Abgabe ihrer Stellungnahme ist die EFSA bestrebt, eine Frist von sechs Monaten einzuhalten, die verlängert wird, wenn der Antragsteller seitens der EFSA oder seitens der Behörde eines Mitgliedstaats über die EFSA um ergänzende Informationen ersucht wird (Art. 6 Abs. 1 und 2). Die Stellungnahme basiert auf der Prüfung der gemäß Art. 5 einzureichenden Unterlagen und der in Art. 4 Abs. 1 festgelegten Kriterien für gentechnisch veränderte Lebensmittel, gegebenenfalls einer Sicherheitsbewertung einer gemäß Art. 36 der Basisverordnung vernetzten Behörde eines Mitgliedstaats sowie gegebenenfalls einer Umweltverträglichkeitsprüfung einer gemäß Art. 4 EG-Freisetzungsrichtlinie zuständigen Behörde bzw. der für die Umweltverträglichkeitsprüfung von Saatgut oder anderem pflanzlichen Vermehrungsgut zuständigen innerstaatlichen Stelle, dem Test und der Validierung der vom Antragsteller vorgeschlagenen Methode zum Nachweis und zur Identifizierung durch das gemeinschaftliche Referenzlabor,[40] der Überprüfung der Informationen und Daten des Antragstellers, dass sich die Eigenschaften des Lebensmittels innerhalb der akzeptierten natürlichen Variationsgrenzen solcher Eigenschaften nicht von denen des entsprechenden herkömmlichen Erzeugnisses[41] unterscheiden (Art. 6 Abs. 3). Im Falle von GVO oder Lebensmitteln, die GVO enthalten oder daraus bestehen (Art. 3 Abs. 1 lit. a und b) sind bei der Bewertung die in der EG-Freisetzungsrichtlinie vorgesehenen umweltbezogenen Sicherheitsanforderungen einzuhalten, damit sichergestellt ist, dass

---
[38] Siehe dazu Abschnitt II.8.1 (Cartagena Protokoll).
[39] Zum notwendigen Inhalt des Antrags siehe Art. 5 Abs. 3 Verordnung (EG) Nr. 1829/2003 sowie Art. 1–7 der Verordnung Nr. 641/2004.
[40] Aufgaben des gemeinschaftlichen Referenzlabors gemäß Art. 32 in Verbindung mit dem Anhang der Verordnung (EG) Nr. 1829/2003.
[41] Definition in Verordnung (EG) Nr. 1829/2003: Art. 2 Abs. 1 Nr. 12.

alle geeigneten Maßnahmen getroffen werden, um schädliche Auswirkungen auf die Gesundheit von Mensch und Tier sowie die Umwelt zu verhindern, die sich aus der absichtlichen Freisetzung von GVO ergeben können (Art. 6 Abs. 4).

Die EFSA übermittelt ihre Stellungnahme der EG-Kommission, den Mitgliedstaaten und dem Antragsteller einschließlich eines Berichts, in dem sie eine Bewertung des Lebensmittels vornimmt, ihre Stellungnahme begründet und die dieser Stellungnahme zugrundeliegenden Informationen anführt (Art. 6 Abs. 6). Außerdem veröffentlicht sie ihre Stellungnahme ohne die vertraulich zu behandelnden Informationen. Die Öffentlichkeit kann innerhalb von 30 Tagen nach dieser Veröffentlichung dazu gegenüber der Kommission Stellung nehmen (Art. 6 Abs. 7).

Daraufhin legt die Kommission innerhalb von drei Monaten dem Ständigen Ausschuss für die Lebensmittelkette und Tiergesundheit,[42] einem mit Experten aus den Mitgliedstaaten besetzten Regelungsausschuss gemäß dem Komitologiebeschluss,[43] einen Entwurf für eine Entscheidung über den Antrag vor. Dabei werden die Stellungnahme der EFSA, die einschlägigen Bestimmungen des Gemeinschaftsrechts und »andere legitime Faktoren« berücksichtigt, die für den jeweils zu prüfenden Sachverhalt relevant sind. Die Kommission kann vom Entwurf der EFSA abweichen, muss dies aber begründen. Stimmt der Ständige Ausschuss dem Entscheidungsentwurf zu, nimmt ihn die Kommission als endgültige Entscheidung an. Andernfalls unterbreitet die Kommission dem Rat einen Entscheidungsvorschlag. Nur wenn der Rat der EG diesen Vorschlag mit qualifizierter Mehrheit[44] innerhalb von drei Monaten ablehnt, muss die Kommission ihren Entscheidungsentwurf überprüfen. Andernfalls wird er entweder vom Rat (wenn dieser dem Entwurf zustimmt) oder von der Kommission angenommen (falls es dem Rat nicht gelingt, eine Entscheidung mit qualifizierter Mehrheit zustande zu bringen).[45] Dies zeigt, dass die Entscheidung der Kommission eine politische ist, die selbst gegen eine einfache Mehrheit der Vertreter der Mitgliedstaaten getroffen werden kann, was durchaus vorkommt. Obwohl es sich um eine politisch brisante

---

[42] Vgl. Art. 35 Verordnung (EG) Nr. 1829/2003. Dieser Ausschuss wurde durch Art. 58 Verordnung (EG) Nr. 178/2002 eingesetzt. Vgl. dazu Meyer / Streinz / Streinz 2007: Einf. Rn 31.
[43] Beschluss 1999/468/EG. Vgl. zum Komitologieverfahren Streinz 2008: Rn 523, 526 ff.; Herdegen 2009: § 9 Rn 73. Das Komitologieverfahren muss angesichts der Änderungen durch den Vertrag von Lissabon (Art. 290, Art. 291 AEUV) neu geregelt werden.
[44] Vgl. zur qualifizierten Mehrheit Art. 16 Abs. 4 und 5 EUV *(bislang Art. 205 Abs. 2 EGV)*.
[45] Art. 35 Abs. 2 Verordnung (EG) Nr. 1829/2003 verweist auf Art. 5 und 7 des Komitologiebeschlusses 1999/468/EG unter Beachtung von dessen Art. 8.

Entscheidung handelt, wird das Europäische Parlament nur allgemein informiert.[46] Dies wird damit begründet, dass ungeachtet der politischen Brisanz darauf abgestellt wird, dass es sich (formal) um eine Verwaltungsentscheidung (Erlass eines Einzelakts) handelt. Obwohl die Kommission von der Stellungnahme der EFSA abweicht und damit die Zulassung gentechnisch veränderter Lebensmittel auch dann vorschlagen und letztlich beschließen kann, wenn die EFSA diese als bedenklich eingestuft hat, dürfte dies angesichts der Veröffentlichung der Stellungnahme der EFSA unwahrscheinlich, da politisch nicht haltbar, sein. Andererseits dürfte die Ablehnung einer Zulassung trotz positiver Stellungnahme der EFSA Probleme im Hinblick auf die Berufsfreiheit des Antragstellers aufwerfen.

Die Kommission informiert den Antragsteller unverzüglich über die Entscheidung und veröffentlicht eine Information über die Entscheidung im Amtsblatt der Europäischen Union (Art. 7 Abs. 4). Eine gemäß der GennahrungsmittelVO erteilte Zulassung gilt in der gesamten Gemeinschaft zehn Jahre und kann auf Antrag erneuert werden (Art. 7 Abs. 5). Dieser Antrag ist spätestens ein Jahr vor Ablauf der Zulassung zu stellen und muss neben einer Kopie der Zulassung für das Inverkehrbringen des Lebensmittels einen Bericht über Beobachtungsergebnisse – sofern dies in der Zulassung so festgelegt ist – (vgl. Art. 5 Abs. 3 lit. k) und alle sonstigen neuen Informationen hinsichtlich der Evaluierung der Sicherheit bei der Verwendung des Lebensmittels und der Risiken, die das Lebensmittel für Verbraucher oder Umwelt birgt, enthalten. Gegebenenfalls muss er außerdem auch einen Vorschlag zur Änderung oder Ergänzung der Bedingungen der ursprünglichen Zulassung, u. a. der Bedingungen hinsichtlich der späteren Beobachtung (Art. 11 Abs. 1, 2), enthalten. Insoweit unterliegt das gentechnisch veränderte Lebensmittel einer Art Nachmarktkontrolle, die dem Inhaber der Zulassung obliegt.[47] Die Art. 17 bis Art. 19 enthalten entsprechende Bestimmungen für Futtermittel.

Für Erzeugnisse, die dem Anwendungsbereich der Gennahrungsmit-

---

[46] Auf das 2006 eingeführte Regelungsverfahren mit Kontrolle, das dem Europäischen Parlament bei Überschreitung der Durchführungsbefugnisse, Unvereinbarkeit mit Ziel oder Inhalt des Basisrechtsakts, Verstoß gegen die Grundsätze der Subsidiarität und der Verhältnismäßigkeit ein Vetorecht gibt (Art. 5 a Komitologiebeschluss), wird nicht verwiesen. Somit wird das Europäische Parlament nur gemäß Art. 7 Abs. 2 des Komitologiebeschlusses unterrichtet.
[47] Vgl. zur Nachmarktkontrolle bei Arzneimitteln (Pharmakovigilanz) das gemeinschaftsrechtlich geregelte Arzneimittelüberwachungssystem gemäß Art. 16–29 der Verordnung (EG) Nr. 726/2004. Aktuelle Fassung in Herdegen 2009: Teil 3, II.3. Wegen des Risikopotenzials ist diese anders organisiert. Sie erfolgt durch die Europäische Arzneimittel-Agentur EMEA im Zusammenwirken mit den zuständigen Behörden der Mitgliedstaaten mit Meldepflichten der für das Inverkehrbringen verantwortlichen Personen.

telverordnung unterfallen, aber vor deren Geltungsbeginn in der Gemeinschaft rechtmäßig in den Verkehr gebracht wurden (z.b. gemäß der Novel Food-Verordnung) besteht eine Meldepflicht (Art. 8 hinsichtlich Lebensmittel; Art. 20 hinsichtlich Futtermittel). Sie werden gegebenenfalls in das Register gentechnisch veränderter Lebensmittel bzw. Futtermittel eingetragen. Gemäß Art. 8 Abs. 4 (bzw. Art. 20 Abs. 4) ist für nach der alten EG-Freisetzungsrichtlinie 90/220/EWG bzw. der Novel Food-Verordnung Nr. 258/97 zugelassene Erzeugnisse innerhalb von neun Jahren nach der Zulassung, frühestens aber drei Jahre nach dem Geltungsbeginn der Gennahrungsmittelverordnung (d.h. seit dem 7. November 2006) ein der Erneuerung der Zulassung (Art. 11 bzw. Art. 23) entsprechender Antrag zu stellen.

Wenn die Zulassungsvoraussetzungen nicht mehr erfüllt werden, kann nach einer Stellungnahme der EFSA die Zulassung von der Kommission entsprechend den Vorschriften des Zulassungsverfahrens (Art. 7 bzw. Art. 19) geändert, ausgesetzt oder widerrufen werden (Art. 10 bzw. Art. 22).

4.1.5 Kennzeichnung gentechnisch veränderter Lebensmittel und Futtermittel

Neben den allgemeinen Anforderungen an die Kennzeichnung von Lebensmitteln, die in der *Richtlinie 2000/13/EG des Europäischen Parlaments und des Rates vom 20. März 2000 zur Angleichung der Rechtsvorschriften der Mitgliedstaaten über die Etikettierung und Aufmachung von Lebensmitteln sowie die Werbung hierfür* (EG-Kennzeichnungsrichtlinie)[48] festgelegt sind, die in Deutschland durch die Verordnung über die Kennzeichnung von Lebensmitteln (Lebensmittel-Kennzeichnungsverordnung – LMKV)[49] umgesetzt wurde, sieht die Gennahrungsmittelverordnung in Art. 12–14 spezielle Anforderungen für Lebensmittel vor, die als solche an den Endverbraucher oder an Anbieter von Gemeinschaftsverpflegung (z.B. Restaurants, Kantinen, Krankenhäuser) innerhalb der Gemeinschaft geliefert werden und die GVO enthalten oder daraus bestehen oder aus GVO hergestellt werden oder Zutaten enthalten, die aus GVO hergestellt werden (Art. 12 Abs. 1)[50].

---

[48] Richtlinie 2000/13/EG. Aktuelle Fassung in Meyer 2010: Nr. 200.
[49] Lebensmittel-Kennzeichnungsverordnung (LMKV). Aktualisierte Fassung in Meyer 2010: Nr. 300.
[50] Damit werden die in Art. 3 Abs. 1 lit. b und c definierten Lebensmittel erfasst. Ausdrücklich werden zusätzlich die Zutaten genannt.

Daher müssen *aus* GVO hergestellte Lebensmittel oder Lebensmittel mit *aus* GVO hergestellten Zutaten auch dann gekennzeichnet werden, wenn keine DNA oder Proteine – die aus der genetischen Modifikation herrühren – im Endprodukt enthalten sind. Dagegen unterliegen Produkte, die *mit Hilfe* gentechnischer Verfahren hergestellt werden (z.b. gentechnisch veränderte Hefe, die in der Herstellung von Bier oder Wein eingesetzt wird) oder die von Tieren gewonnen werden, die mit gentechnisch veränderten Futtermitteln gefüttert wurden, nicht den Kennzeichnungsanforderungen. Diese Unterscheidung zwischen »aus« GVO und »mit« GVO findet sich in Erwägungsgrund 16 der Gennahrungsmittelverordnung. Hinsichtlich transgener technischer Hilfsstoffe bzw. Verarbeitungshilfsstoffe ist die Kategorie »mit Hilfe« rein deklaratorisch, da diese Stoffe bereits gar nicht vom gemäß Art. 2 Abs. 1 Nr. 13 maßgeblichen Zutatenbegriff des Art. 6 Abs. 4 der EG-Kennzeichnungsrichtlinie 2000/13/EG[51] erfasst werden, weil sie im Endprodukt nicht vorhanden bleiben, und schon aus diesem Gesichtspunkt weder dem Anwendungsbereich der Gennahrungsmittelverordnung noch der Kennzeichnungspflicht unterliegen.[52] Klärend ist dagegen die Feststellung, dass Lebensmittel oder Lebensmittelzutaten, die aus Tieren gewonnen wurden, die mit gentechnischen Futtermitteln gefüttert oder mit gentechnisch veränderten Arzneimitteln behandelt wurden, nicht zu kennzeichnen sind.[53]

Ausgenommen sind Lebensmittel, die Material enthalten, welches GVO enthält, aus solchen besteht oder aus solchen hergestellt ist, mit einem Anteil, der nicht höher ist als 0,9 % der einzelnen Lebensmittelzutaten oder des Lebensmittels, wenn es aus einer einzigen Zutat besteht, vorausgesetzt, dieser Anteil ist zufällig oder (alternativ) technisch nicht zu vermeiden (Art. 12 Abs. 2). Dieser Schwellenwert von 0,9 % bezieht sich auf die einzelne GVO enthaltende Lebensmittelzutat und nicht auf die Gesamtmenge des Lebensmittels.[54] Er wurde festgesetzt, weil in manchen Fällen die Koexistenz von gentechnisch veränderten und traditionellen Produkten es angesichts der Ernte-, Lager-, Transport- oder Verarbeitungsbedingungen praktisch unmöglich macht, absolut »unkontaminierte«

---

[51] Art. 6 Abs. 4 lit. a Richtlinie 2000/13/EG. Danach gilt als Zutat »jeder Stoff einschließlich der Zusatzstoffe, der bei der Zubereitung eines Lebensmittels verwendet wird und – möglicherweise in veränderter Form – im Enderzeugnis vorhanden bleibt«.
[52] Vgl. Girnau 2004: 350. Vgl. zu dem als unklar empfundenen Erwägungsgrund 16 auch Zipfel / Rathke 2010: C 154 Art. 2 Rn 23 ff.
[53] Girnau 2004: 350; sogenannte »indirekte Gentechnik«. Vgl. Günther 2004: 43.
[54] Zipfel / Rathke / Rathke 2010: C 154 Art. 12 Rn 5.

Produkte zu erhalten.⁵⁵ Um sicherzustellen, dass dieser Anteil wirklich zufällig oder technisch nicht zu vermeiden ist, müssen die Unternehmen den zuständigen Behörden nachweisen können, dass sie geeignete Schritte unternommen haben, um das Vorhandensein gentechnisch veränderten Materials zu vermeiden (Art. 12 Abs. 3). Es handelt sich um einen Schwellenwert und nicht etwa um einen Grenzwert, bis zu dem gentechnische Veränderungen ohne Kennzeichnung zulässig wären.⁵⁶

Die spezifischen Anforderungen an die Kennzeichnung sind in Art. 13 ziemlich detailliert festgelegt. Die Wörter »genetisch verändert« oder »aus genetisch verändertem [...] hergestellt« sind deutlich auf dem Etikett bzw., wenn ein Zutatenverzeichnis besteht, unmittelbar nach der betreffenden Zutat anzubringen, bei Bezeichnung der Zutat mit dem Namen einer Kategorie sind die Wörter »enthält genetisch veränderten« oder »enthält aus genetisch verändertem [...] hergestellten« hinzuzufügen. Dies kann auch in einer Fußnote geschehen, deren Schriftgröße aber mindestens so groß ist wie die Schriftgröße des Verzeichnisses der Zutaten. Auch bei unverpackten Lebensmitteln oder bei kleinen Verpackungen muss in dauerhafter und sichtbarer Form und in einer Schriftgröße, die gute Lesbarkeit und Identifizierbarkeit gewährleistet, auf die gentechnische Veränderung hingewiesen werden. Weitere Angaben sind erforderlich, wenn ein Lebensmittel sich von dem entsprechenden herkömmlichen Erzeugnis in Bezug auf Zusammensetzung, Nährwert oder nutritive Wirkungen, Verwendungszweck oder Auswirkungen auf die Gesundheit bestimmter Bevölkerungsgruppen (z.B. wichtig für Allergiker) unterscheidet oder sofern ein Lebensmittel Anlass zu ethischen oder religiösen Bedenken (aufgrund von z.B. religiösen Speisegesetzen) geben könnte. Gibt es kein entsprechendes herkömmliches Lebensmittel, so sind die entsprechenden Informationen über Art und Merkmale des betreffenden Lebensmittels gemäß der Zulassung anzugeben. Art. 14 ermächtigt die Kommission zum Erlass von Durchführungsmaßnahmen.

Die erforderlichen Vermerke für die Kennzeichnung sind in Art. 4 Abs. 6 der EG-Kennzeichnungs- und Rückverfolgbarkeitsverordnung wörtlich festgelegt.⁵⁷ Die spezifischen Vorschriften sind jedoch in Art. 13 der Gennahrungsmittelverordnung enthalten.

Für die Kennzeichnung von Futtermitteln bestehen in Art. 24–27 entsprechende Regelungen.

---

⁵⁵ Vgl. Verordnung (EG) Nr. 1829/2003: Erwägungsgründe 24–26.
⁵⁶ Vgl. Girnau 2004: 353.
⁵⁷ Siehe dazu Abschnitt 4.2.1 (Ziel der Verordnung).

Rechtliche Aspekte

4.1.6 Überwachung gentechnisch veränderter Lebensmittel und Futtermittel

Die Überwachung der Einhaltung der Zulassungsbedingungen obliegt dem Inhaber der Zulassung. Die Kommission und die Öffentlichkeit sind über Berichts- und Informationspflichten beteiligt. Nach Erteilung einer Zulassung haben deren Inhaber und die sonstigen Beteiligten alle Bedingungen oder Einschränkungen zu erfüllen, die in der Zulassung auferlegt werden. Sie haben insbesondere dafür zu sorgen, dass Erzeugnisse, für die die Zulassung nicht gilt, nicht als Lebensmittel oder Futtermittel in Verkehr gebracht werden. Soweit dem Inhaber der Zulassung eine marktbegleitende Beobachtung der Verwendung des Lebensmittels (Art. 5 Abs. 1 lit. k) und/oder eine Beobachtung der Umweltauswirkungen (Art. 5 Abs. 5 Satz 1 lit. b) vorgeschrieben wurde, so hat er diese sicherzustellen und der Kommission entsprechend der Zulassung Berichte darüber vorzulegen. Diese Berichte sind ohne die als vertraulich geltenden (Art. 30) Informationen der Öffentlichkeit zugänglich zu machen (Art. 9). Für Futtermittel enthält Art. 21 eine entsprechende Regelung.

Die Überwachung der Einhaltung der Gennahrungsmittelverordnung selbst obliegt, gemäß der allgemeinen Zuständigkeitsverteilung zwischen der EG und den Mitgliedstaaten, diesen nach Maßgabe des nationalen Rechts. In Deutschland sind dafür gemäß Art. 30, Art. 83 ff. Grundgesetz (GG) grundsätzlich die Länder zuständig.[58]

Unbeschadet dieser Befugnisse der nationalen Behörden überwacht die EG-Kommission die Anwendung der Gennahrungsmittelverordnung und ihre Auswirkungen auf die Gesundheit von Mensch und Tier, Verbraucherschutz, Verbraucherinformation und das Funktionieren des Binnenmarktes und legt erforderlichenfalls »schnellstmöglich« entsprechende Vorschläge vor (Art. 48 Abs. 2 GennahrungsmittelVO).

4.2 Die EG-Verordnung über die Rückverfolgbarkeit und Kennzeichnung von genetisch veränderten Organismen und von aus genetisch veränderten Organismen hergestellten Lebensmitteln und Futtermitteln

4.2.1 Ziel der Verordnung

Die EG-Kennzeichnungs- und Rückverfolgbarkeitsverordnung wurde zusammen mit der Gennahrungsmittelverordnung erlassen. Ihr Ziel ist,

---
[58] Siehe dazu Abschnitt II.5.2 (EG-Gentechnik-Durchführungsgesetz).

einen Rahmen für die Rückverfolgbarkeit von aus GVO bestehenden oder solche enthaltenden Produkten und von aus GVO hergestellten Lebensmitteln und Futtermitteln zu schaffen, um die genaue Kennzeichnung, die Überwachung der Auswirkungen auf die Umwelt und gegebenenfalls auf die Gesundheit sowie die Umsetzung der geeigneten Risikomanagementmaßnahmen,[59] erforderlichenfalls einschließlich des Zurückziehens von Produkten, zu erleichtern (Art. 1). Die Rückverfolgbarkeit dient zum einen dem Nachweis als GVO-Lebensmittel, zumal wenn in bestimmten der Gennahrungsmittelverordnung und den Kennzeichnungspflichten unterliegenden Produkten (*aus* GVO hergestellt) die DNA von GVO nicht mehr nachweisbar sein muss,[60] zum anderen der Ermöglichung von Warnungen und Rückrufaktionen im Rahmen des Risikomanagements. Der Geltungsbereich der Verordnung bezieht sich daher auf aus GVO bestehenden oder GVO enthaltenden Produkten und aus GVO hergestellten Lebensmitteln und Futtermitteln, die gemäß dem Gemeinschaftsrecht (d.h. gemäß der Gennahrungsmittelverordnung) in Verkehr gebracht werden, in jeder Phase des Inverkehrbringens (Art. 2 Abs. 1). Die Verordnung gilt nicht für nach der *Verordnung (EWG) Nr. 2309/93 des Rates vom 22. Juli 1993 zur Festlegung von Gemeinschaftsverfahren für die Genehmigung und Überwachung von Human- und Tierarzneimitteln und zur Schaffung einer Europäischen Agentur für die Beurteilung von Arzneimitteln der Europäischen Wirtschaftsgemeinschaft (EWG)*[61] genehmigte Human- und Tierarzneimittel.

4.2.2 Kennzeichnung gentechnisch veränderter Lebensmittel und Futtermittel

Die Anforderungen an die Kennzeichnung gentechnisch veränderter Lebensmittel sind in Art. 13 der Gennahrungsmittelverordnung detailliert geregelt.[62] Die EG-Kennzeichnungs- und Rückverfolgbarkeitsverordnung verpflichtet die Beteiligten – d.h. jede natürliche oder juristische Person, die ein Produkt in Verkehr bringt oder die in irgendeiner Phase der Produktions- oder Vertriebskette ein in der Gemeinschaft aus einem Mitglied-

---

[59] Zum Risikomanagement vgl. die Legaldefinition in Art. 3 Nr. 12 Verordnung (EG) Nr. 178/2002, Art. 6 Abs. 3 der Verordnung (EG) Nr. 178/2002 sowie Meyer / Streinz / Meyer 2008: Art. 6 Rn 20 ff.
[60] Siehe dazu Abschnitt II.4.1.5 (Kennzeichnung gentechnisch veränderter Lebensmittel und Futtermittel).
[61] Verordnung (EWG) Nr. 2309/93.
[62] Siehe dazu Abschnitt II.4.1.5 (Kennzeichnung gentechnisch veränderter Lebensmittel und Futtermittel).

staat oder einem Drittland in Verkehr gebrachtes Produkt bezieht, außer dem Endverbraucher (Definition in Art. 3 Nr. 5) – sicherzustellen, dass bei Produkten, die aus GVO bestehen oder GVO enthalten, der vorgeschriebene Vermerk, der auf die gentechnische Veränderung hinweist, angebracht ist. Bei vorverpackten Produkten (Definition in Art. 3 Nr. 12) muss der Vermerk auf dem Etikett erscheinen, bei nicht vorverpackten Produkten, die dem Endverbraucher angeboten werden, auf dem Behältnis, in dem das Produkt dargeboten wird, oder im Zusammenhang mit der Darbietung des Produkts (Art. 4 Abs. 6). Die Kennzeichnung ist nicht erforderlich, wenn die in Art. 4 Abs. 7 und 8 genannten Schwellenwerte der EG-Freisetzungsrichtlinie (gemäß Art. 21 Abs. 3 RL 2001/18/EG: 0,9%) bzw. der Gennahrungsmittelverordnung[63] für zufällige oder technisch nicht vermeidbare Spuren von GVO nicht überschritten werden.

4.2.3 Rückverfolgbarkeit gentechnisch veränderter Lebensmittel und Futtermittel

Die Rückverfolgbarkeit von Lebensmitteln und Futtermitteln ist mit Wirkung vom 1. Januar 2005 allgemein in Art. 18 der Basisverordnung geregelt.[64] Bereits zuvor wurde dieses Konzept nach der BSE-Krise für Rindfleischerzeugnisse[65] und eben für GVO-Produkte entwickelt. Die Rückverfolgbarkeit von GVO-Produkten dient dem Gesundheitsschutz durch Risikomanagementmaßnahmen, insbesondere das Zurückziehen von Produkten für den Fall, dass unvorhergesehene schädliche Auswirkungen auf die Gesundheit von Mensch oder Tier festgestellt werden. Sie dient auch dem Umweltschutz, da auch schädliche Auswirkungen auf die Umwelt, einschließlich der Ökosysteme, erfasst werden. Ferner wird dadurch die Untersuchung möglicher Auswirkungen, insbesondere auf die Umwelt, erleichtert. Sie dient schließlich dem Verbraucherschutz, da nur durch die Rückverfolgbarkeit die genaue Kennzeichnung dieser Produkte kontrolliert werden kann. Die durch eine solche Kennzeichnung vermittelten Informationen setzen die Verbraucher in die Lage, ihr Recht auf freie Wahl zwischen GVO-Produkten und anderen Produkten effizient auszuüben.[66]

Das Rückverfolgbarkeitssystem fordert, dass in der Lebensmittelkette

---

[63] Siehe dazu Abschnitt II.4.1.5 (Kennzeichnung gentechnisch veränderter Lebensmittel und Futtermittel).
[64] Vgl. dazu Meyer / Streinz / Meyer 2007: Art. 18 Verordnung (EG) Nr. 178/2002 Rn 1 ff.
[65] Verordnung Nr. 1760/2000. Aktuelle Fassung in Meyer 2010: Nr. 3700.
[66] Verordnung (EG) Nr. 1830/2003: Erwägungsgründe 3 und 4.

dem jeweiligen Bezieher des Produkts die Angabe, dass das Produkt GVO enthält oder aus GVO besteht, sowie der dem betreffenden GVO zugeteilte spezifische Erkennungsmarker schriftlich übermittelt wird und dass die entsprechenden Angaben gespeichert und während eines hinreichenden Zeitraums (fünf Jahre) ermittelt werden können (Art. 4). Entsprechendes gilt für aus GVO hergestellte Lebensmittel und Futtermittel (Art. 5). Ausgenommen von diesen Anforderungen sind die Produkte, deren Anteil (»Spuren«) an GVO unter den in der EG-Freisetzungsrichtlinie bzw. der Gennahrungsmittelverordnung festgelegten Schwellenwerten liegt, sofern diese Spuren von GVO zufällig oder technisch nicht zu vermeiden sind (Art. 4 Abs. 7 bzw. 8, Art. 5 Abs. 4).

Die spezifischen Erkennungsmarker werden von der Kommission mit Unterstützung des durch Art. 30 der EG-Freisetzungsrichtlinie eingesetzten Ausschusses im Regelungsverfahren[67] festgelegt und gegebenenfalls angepasst. Dabei ist der Entwicklung in internationalen Gremien Rechnung zu tragen (Art. 8). Daher werden Formate verwendet, die im Rahmen der *Organisation für wirtschaftliche Zusammenarbeit und Entwicklung* (OECD) entwickelt wurden. Alle spezifischen Erkennungsmarker sind in einer Liste der BioTrack-Produktdatenbank der OECD enthalten. Näheres ist in der *Verordnung (EG) Nr. 65/2004 der Kommission vom 14. Januar 2004 über ein System für die Entwicklung und Zuweisung spezifischer Erkennungsmarker für genetisch veränderte Organismen*[68] geregelt.

4.3 Die EG-Freisetzungsrichtlinie

Wie die Vorgängervorschriften, die Novel Food-Verordnung Nr. 258/97 gegenüber der alten EG-Freisetzungsrichtlinie 90/220/EWG, sieht auch die Gennahrungsmittelverordnung die Abstimmung mit der neuen EG-Freisetzungsrichtlinie 2001/18 vor. Dem Zulassungsantrag für GVO oder Lebensmittel, die GVO enthalten oder aus solchen bestehen, sind die vollständigen technischen Unterlagen zur Risikobewertung gemäß den Anhängen zur EG-Freisetzungsrichtlinie sowie gegebenenfalls eine Kopie der Entscheidung über die Zulassung des Inverkehrbringens des GVO gemäß Teil C der EG-Freisetzungsrichtlinie beizufügen, ferner der Plan (einschließlich Zeitplan) zur Beobachtung der Umweltauswirkungen

---

[67] Art. 8 verweist auf Art. 10 Abs. 2 Verordnung Nr. 1830/2003, dieser auf Art. 5 und 7 des Komitologiebeschlusses 1999/468/EG unter Beachtung von dessen Art. 8.
[68] Verordnung (EG) Nr. 65/2004.

Rechtliche Aspekte

(Art. 5 Abs. 5 GennahrungsmittelVO). Bei der Bewertung von GVO oder Lebensmitteln, die GVO enthalten oder daraus bestehen, durch die EFSA, sind die in der EG-Freisetzungsrichtlinie vorgesehenen umweltbezogenen Sicherheitsanforderungen einzuhalten (Art. 6 Abs. 4 Gennahrungsmittel-VO). Daher entsprechen die Anforderungen der Gennahrungsmittelverordnung hinsichtlich der Bewertung von spezifischen Risiken für die Umwelt denen der EG-Freisetzungsrichtlinie, sodass auf deren Anmeldeverfahren (Art. 13 bis 24 Freisetzungsrichtlinie) verzichtet werden kann (Art. 5 Abs. 5 Satz 2 GennahrungsmittelVO).

5. Ergänzende Regelungen im deutschen Recht

5.1 Gentechnikgesetz

Das Gentechnikgesetz (GenTG) gilt für gentechnische Anlagen, gentechnische Arbeiten, die Freisetzung von gentechnisch veränderten Organismen und das Inverkehrbringen von Produkten, die GVO enthalten oder aus solchen bestehen. Es betrifft somit auch GVO-Lebensmittel und GVO-Futtermittel, soweit diese nicht in den spezielleren EG-Verordnungen geregelt sind (vgl. § 2 Abs. 4 GenTG) bzw. soweit diese auf die EG-Freisetzungsrichtlinie verweisen, denn das GenTG setzt die Vorgaben der EG-Gentechnikrichtlinien um. Die Zuständigkeit von Behörden richtet sich nach Landesrecht. Zuständige Bundesoberbehörde ist das Bundesamt für Verbraucherschutz und Lebensmittelsicherheit – BVL (§ 31 GenTG). Das GenTG enthält schließlich Straf- und Bußgeldvorschriften (§§ 38 und 39 GenTG)[69].

5.2 EG-Gentechnik-Durchführungsgesetz

Das deutsche EG-Gentechnik-Durchführungsgesetz (EGGenTDurchfG) regelt die Zuständigkeiten deutscher Behörden zum Vollzug der EG-Verordnungen auf dem Gebiet der Gentechnik. Soweit der Vollzug der Gennahrungsmittelverordnung nationalen Behörden obliegt (Entgegennahme, Bearbeitung und Weiterleitung von Anträgen, Stellungnahmen, Ersuchen an die EFSA, vorläufiges Ruhen einer Zulassung), obliegt dieser dem BVL. Dieses ist auch Kontaktstelle im Sinne von Art. 17 Abs. 2 des Pro-

---

[69] Siehe dazu Abschnitt II.7 (Sanktionen).

tokolls von Cartagena über die biologische Sicherheit[70] und der *Verordnung (EG) Nr. 1946/2003 des Europäischen Parlaments und des Rates vom 15. Juli 2003 über grenzüberschreitende Verbringungen genetisch veränderter Organismen*[71] und nimmt die dafür jeweils vorgesehenen Aufgaben wahr. Das Bundesministerium für Ernährung, Landwirtschaft und Verbraucherschutz (BMELV) ist Anlaufstelle im Sinne des Art. 19 Abs. 1 Satz 1 des Protokolls von Cartagena und des Art. 17 Abs. 2 der Verordnung (EG) Nr. 1946/2003. Hinsichtlich wissenschaftlicher Stellungnahmen werden das Robert Koch-Institut (RKI) und das Bundesinstitut für Risikobewertung (BfR) sowie weitere Forschungsinstitute des Bundes beteiligt (§ 3 EGGenTDurchfG). Die Überwachung der Einhaltung der EG-Verordnungen obliegt den nach Landesrecht zuständigen Behörden (§ 4 EG-GenTDurchfG). § 5a EGGenTDurchfG ermächtigt unter Beachtung von Art. 80 GG das BMELV zum Erlass der dort vorgesehenen Rechtsverordnungen.

Das EG-Gentechnik-Durchführungsgesetz regelt nunmehr die bislang in der Neuartige Lebensmittel- und Lebensmittelzutatenverordnung (NLV)[72] geregelte sogenannte Negativkennzeichnung »gentechnikfreier« Produkte[73]. Sie enthält auch die Straf- und Bußgeldvorschriften, mit denen Verstöße gegen die EG-Verordnungen bewehrt sind (§§ 7 und 8)[74].

6. Negativkennzeichnung – »Gentechnikfrei« – »Ohne Gentechnik«

Das große Interesse an der Frage des Einsatzes der Grünen Gentechnik in der Nahrungsmittelproduktion und an der Kennzeichnung von »gentechnischen« Produkten sowie entsprechende Initiativen (z. B. »Einkaufsnetz«, Selbstverpflichtungen von Produzenten und Handel, Auseinandersetzung um die Bezeichnung »Genmilch«[75]) haben gezeigt, dass nicht nur die Kennzeichnungspflicht von GVO-Produkten, sondern auch die Aus-

---

[70] Siehe dazu Abschnitt II.8.1 (Cartagena Protokoll).
[71] Verordnung (EG) Nr. 1946/2003.
[72] Siehe dazu Abschnitt II.3.4.2 (Neuartige Lebensmittel und Lebensmittelzutaten-Verordnung).
[73] Siehe dazu Abschnitt II.6 (Negativkennzeichnung – »Gentechnikfrei« – »Ohne Gentechnik«).
[74] Siehe dazu Abschnitt II.7 (Sanktionen).
[75] Vgl. Bundesgerichtshof 2008: 2110. Kritische Analyse dazu von Hufen 2008 sowie zur Vorentscheidung des OLG Stuttgart, Urt. vom 15. September 2005 siehe Mettke 2005: 757–763.

lobung von Produkten als »gentechnikfrei« bzw. »ohne Gentechnik« sowohl für die Verbraucher als auch die Lebensmittelwirtschaft von großem Interesse ist. Diese sogenannte »Negativkennzeichnung« (das Wort »negativ« ist hier selbstverständlich kein Werturteil, sondern knüpft allein an das Nichtvorhandensein von bestimmten Stoffen oder Verfahren an) ist für den Verbraucher wegen der dadurch ermöglichten Wahlfreiheit und für den Lebensmittelunternehmer wegen möglicher Wettbewerbsvorteile bzw. -nachteile bedeutsam. Im Interesse einer klaren Verbraucherinformation sowie eines fairen Wettbewerbs bedarf es insoweit möglichst eindeutiger Regelungen.

Aus Erwägungsgrund 10 der Novel Food-Verordnung Nr. 258/97 lässt sich entnehmen, dass das Recht der EG (Gemeinschaftsrecht) einer solchen Negativkennzeichnung nicht entgegensteht. Danach kann »nichts […] den Lieferanten daran hindern, den Verbraucher auf der Etikettierung des Lebensmittels oder einer Lebensmittelzutat davon zu unterrichten, daß das betroffene Erzeugnis kein neuartiges Lebensmittel im Sinne dieser Verordnung darstellt«. Zwar wurde dieser Aspekt im verfügenden Teil der Novel Food-Verordnung nicht aufgegriffen und in den jetzt maßgeblichen EG-Verordnungen Nr. 1829/2003 und Nr. 1830/2003 überhaupt nicht erwähnt; gleichwohl ist nach wie vor von der grundsätzlichen Zulässigkeit solcher Angaben auszugehen, zumal dem Ansatz der Verbraucherinformation im Gemeinschaftsrecht zunehmend Gewicht gegeben wird. Die apodiktische Formulierung (»nichts«) darf allerdings nicht als Freibrief verstanden werden. Die Auslobung muss dem allgemeinen Wettbewerbsrecht, insbesondere dem Irreführungsverbot und dem Verbot, Mitbewerber anzuschwärzen, sowie den Vorgaben des EG-Primärrechts über den freien Warenverkehr (Art. 28 EGV) entsprechen. Eine nationale Regelung darf den freien Verkehr von Waren aus anderen Mitgliedstaaten nicht diskriminieren oder unverhältnismäßig beschränken. Dem mussten und müssen die mangels gemeinschaftsrechtlicher Regelung aus Gründen des Verbraucherschutzes und Lauterkeit des Handelsverkehrs[76] erlassenen Regelungen entsprechen, die in Deutschland zunächst auf der Ebene der Länder und dann des Bundes erlassen wurden, um der »ungeordneten« Verwendung solcher Bezeichnungen ein Ende zu setzen.

Seit dem 1. Mai 2008 sind in Deutschland die Regelungen in § 3a und § 3b des EGGenTDurchfG maßgeblich. Nach § 3a Abs. 1 darf mit einer Angabe, die auf die Herstellung des Lebensmittels ohne Anwendung gentechnischer Verfahren hindeutet, nur in den Verkehr gebracht oder bewor-

---

[76] Gerichtshof der Europäischen Gemeinschaften 1979: 649, Rn 8.

Negativkennzeichnung – »Gentechnikfrei« – »Ohne Gentechnik«

ben werden, soweit die Anforderungen von § 3a Abs. 2 bis 5 erfüllt sind. Es darf – wie bisher – nur die Angabe »ohne Gentechnik« verwendet werden. Damit bleibt die Bezeichnung »gentechnikfrei« unzulässig. Es darf sich selbstverständlich nicht um ein Lebensmittel handeln, das gemäß den EG-Verordnungen Nr. 1829/2003 oder Nr. 1830/2003 gekennzeichnet ist oder zu kennzeichnen wäre. Es dürfen aber darüber hinaus, d. h. abweichend von diesen Verordnungen, ausdrücklich auch keine Lebensmittel oder Lebensmittelzutaten verwendet werden, die unter diese EG-Verordnungen fallen, aber wegen Unterschreitens der Schwellenwerte der Art. 12 Abs. 2 der GennahrungsmittelVO bzw. Art. 4 Abs. 7 oder 8 oder Art. 5 Abs. 4 der EG-Kennzeichnungs- und Rückverfolgbarkeitsverordnung von deren Kennzeichnungsvorschriften ausgenommen sind (§ 3a Abs. 3). Dies gilt aber allein im Anwendungsbereich dieser Vorschriften, sodass die Verwendung von Futtermittelzusatzstoffen, Enzymen oder Aminosäuren, die mit gentechnisch veränderten Mikroorganismen erzeugt werden, der Bezeichnung »ohne Gentechnik« nicht entgegenstehen soll.[77] Im Falle eines Lebensmittels oder einer Lebensmittelzutat tierischer Herkunft darf dem Tier, von dem das Lebensmittel gewonnen worden ist, kein Futtermittel verabreicht worden sein, das nach den EG-Verordnungen gekennzeichnet ist oder zu kennzeichnen wäre. Die Zeiträume vor Gewinnung des Lebensmittels, innerhalb deren eine Verfütterung von GVO-Futtermitteln unzulässig ist, werden für bestimmte Tierarten in einer Anlage zum EGGenT-DurchfG festgelegt (bei Equiden und Rindern für die Fleischerzeugung zwölf Monate und auf jeden Fall drei Viertel ihres Lebens, bei Schweinen vier Monate, bei milchproduzierenden Tieren (für die Milcherzeugung) drei Monate, bei Geflügel für die Fleischerzeugung zehn Wochen, für die Eiererzeugung sechs Wochen). Zum Zubereiten, Bearbeiten, Verarbeiten oder Mischen eines Lebensmittels oder einer Lebensmittelzutat dürfen keine durch einen GVO hergestellte Lebensmittel, Lebensmittelzutaten, Verarbeitungshilfsstoffe sowie Stoffe, die gemäß § 5 Abs. 2 LMKV nicht als Zutaten gelten, verwendet worden sein. Letzteres gilt nicht, wenn aufgrund einer Entscheidung der Kommission gemäß der *Verordnung (EG) Nr. 834/2007 des Rates vom 28. Juni 2007 über die ökologische/biologische Produktion und Kennzeichnung von ökologischen/biologischen Erzeugnissen und zur Aufhebung der Verordnung (EWG) Nr. 2092/91*[78] eine Ausnahme zugelassen ist, weil Lebensmittelzusatzstoffe oder andere in Art. 19 Abs. 2 lit. b dieser Verordnung genannte Stoffe (z.B. Zusatzstoffe, Verarbeitungshilfs-

---

[77] So BLL 2008:109.
[78] Verordnung (EG) Nr. 834/2007. Abgedruckt in Meyer 2009: Nr. 2605.

Rechtliche Aspekte

stoffe, Aromastoffe) oder Futtermittelzusatzstoffe oder Düngemittel und Bodenverbesserer verwendet werden müssen und diese Stoffe anders als durch GVO hergestellt auf dem Markt nicht erhältlich sind. Grundsätzlich müssen somit so gekennzeichnete Produkte auch wirklich »ohne Gentechnik« hergestellt sein, allerdings mit der gemeinschaftsrechtlich vorgeschriebenen Ausnahme bei Ökoprodukten und den Einschränkungen bei der Fütterung von Tieren. Wer Produkte »ohne Gentechnik« in den Verkehr bringt oder bewirbt, hat für das Zubereiten, Bearbeiten, Verarbeiten oder Mischen der Lebensmittel oder das Füttern die in § 3b EGGenTDurchfG genannten »geeigneten Nachweise« dafür zu erbringen, dass die Anforderungen eingehalten sind.

7. Sanktionen

Da die EU für strafrechtliche Sanktionen zwar eine Anweisungskompetenz dahingehend hat, dass Verstöße gegen das Unionsrecht mit Sanktionen zu bewehren sind, allerdings über keine Sanktionskompetenz verfügt, obliegt die Anordnung von Sanktionen den Mitgliedstaaten, die dazu zur Erfüllung der unionsrechtlichen Vorgaben verpflichtet sind. Art. 45 der EG-Gennahrungsmittelverordnung und Art. 11 der EG-Kennzeichnungs- und Rückverfolgbarkeitsverordnung verpflichten die Mitgliedstaaten, Vorschriften über Sanktionen zu erlassen, die bei Verstößen gegen die jeweilige Verordnung zu verhängen sind, und alle erforderlichen Maßnahmen zu treffen, um ihre Anwendung zu gewährleisten. Die Sanktionen müssen wirksam, verhältnismäßig und abschreckend sein.

Die erforderlichen Sanktionen sind als Straf- und Bußgeldvorschriften im EGGenTDurchfG enthalten. Verstöße gegen das Inverkehrbringen nicht zugelassener GVO oder GVO-Lebensmittel werden mit Freiheitsstrafe bis zu drei Jahren oder mit Geldstrafe geahndet (§ 6 Abs. 1 EG-GenTDurchfG), bei Gefährdung von Leib oder Leben eines anderen, fremder Sachen von bedeutendem Wert oder von Bestandteilen des Naturhaushalts von erheblicher Bedeutung mit Freiheitsstrafe von drei Monaten bis zu fünf Jahren (§ 6 Abs. 3). Auch der Versuch ist strafbar (§ 6 Abs. 4). Fahrlässigkeitstaten werden milder bestraft. Bei Verstößen gegen die Kennzeichnung »ohne Gentechnik« droht Freiheitsstrafe bis zu einem Jahr oder Geldstrafe (§ 6 Abs. 3a). Verstöße gegen Melde- oder Berichtspflichten sowie gegen Etikettierungs-, Dokumentations- und Aufbewahrungspflichten werden mit Geldbußen bis zu 20.000 bzw. 50.000 Euro geahndet (§ 7 EGGenTDurchfG).

Art. 33 der EG-Freisetzungsrichtlinie verpflichtet die Mitgliedstaaten zum Erlass entsprechender Sanktionen, die bei einem Verstoß gegen die einzelstaatlichen Vorschriften zur Umsetzung dieser Richtlinie zu verhängen sind. Das zur Umsetzung der Richtlinie erlassene Gentechnikgesetz bewehrt Verstöße gegen dieses Gesetz in den §§ 38 und 39.

8. Völkerrecht

8.1 Cartagena Protokoll

Das Protokoll über die biologische Sicherheit zu der Konvention über die biologische Vielfalt wurde am 29. Januar 2000 in Cartagena (Kolumbien) beschlossen und trat am 11. September 2003 in Kraft.[79] Es wurde mittlerweile von 187 Staaten, darunter alle Mitgliedstaaten der EU, sowie von der EG selbst, die über Völkerrechtssubjektivität verfügte (Art. 281 EGV), ratifiziert (gilt jetzt für die EU, die gemäß Art. 47 EUV Rechtspersönlichkeit hat, als Rechtsnachfolgerin der EG), auch von China, nicht aber von den USA.[80] Der Anwendungsbereich erstreckt sich auf alle grenzüberschreitenden Verbringungen »lebender veränderter Organismen«, einschließlich Durchfuhr sowie auf den Umgang mit und die Verwendung von lebenden veränderten Organismen, die eine nachteilige Auswirkung auf Schutzgüter des Protokolls haben könnten (Art. 4). Als »lebend« werden veränderte Organismen angesehen, die die Fähigkeit besitzen, ihre Erbinformationen zu vervielfältigen oder zu übertragen. Dazu gehören z. B. gentechnisch verändertes Saatgut (Soja, Mais), gentechnisch veränderte Nutztiere sowie verschiedene zum Verbrauch oder zur Weiterverarbeitung bestimmte Pflanzen und Tiere, die grundsätzlich noch vermehrungsfähig sind, nicht aber weiterverarbeitete Produkte, die aus gentechnisch veränderten Rohstoffen bestehen oder nur während ihres Verarbeitungsprozesses damit in Berührung gekommen sind.[81] Damit wird nur ein Teil der Grünen Gentechnik erfasst. Zur Umsetzung der Ziele des Protokolls müssen bestimmte Verfahren vor der Einfuhr der erfassten Produkte durchlaufen werden. Das strengere Verfahren der »vorherigen Zustim-

---

[79] Cartagena Protocol on Biosafety to the Convention on Biological Diversity, abgedruckt in Herdegen 2009: Teil 5, II.2.a. Vgl. dazu den Kommentar ebd. Teil 5, I.2a; Härtel 2007: 23 ff.; Loosen 2006.
[80] Ratifikationsstand in Fundstellennachweis B zum Bundesgesetzblatt II, 2010, S. 783 ff.
[81] Vgl. Böckenförde 2004: 169.

Rechtliche Aspekte

mung in Kenntnis der Sachlage« (Advanced Informed Agreement – AIA) hat allerdings einen sehr begrenzten Anwendungsbereich und erfasst nicht den Handel mit GVO – die für die direkte Verwendung als Nahrung oder Futtermittel oder zur Weiterverarbeitung bestimmt sind (Art. 7 Abs. 2) –, der 90 % des grenzüberschreitenden Verkehrs mit GVO ausmacht.[82] Alle nationalen und transnationalen Daten, die für die Gentechnik relevant sind, sollen über eine Informationsstelle im Internet bekannt gemacht werden (Art. 20). Die Vertragsparteien haben eine Kontaktstelle für den Kommunikationsaustausch mit dem Sekretariat der Konvention über die biologische Vielfalt sowie die zuständige Verwaltungsstelle für die konkrete Durchführung des Protokolls zu benennen. In Deutschland sind dies das Bundesamt für Verbraucherschutz und Lebensmittelsicherheit (BVL) bzw. das Bundesministerium für Ernährung, Landwirtschaft und Verbraucherschutz (BMELV)[83]. Das Protokoll verpflichtet die Staaten zur Risikobewertung und zu Maßnahmen des Risikomanagements als Teil eines vorsorgenden Umweltschutzes. Der 2006 beschlossene Art. 18 Abs. 2a des Protokolls verpflichtet ab 2012 zur Kennzeichnung mit »enthält GVO« statt bisher mit der (letztlich nichtssagenden) Aussage »kann GVO enthalten«. Die EG-Gennahrungsmittelverordnung nimmt auf das Cartagena Protokoll Bezug[84], ebenso die EG-Freisetzungsrichtlinie (in Art. 32).

8.2 Welthandelsrecht

Das *Gesetz zu dem Übereinkommen vom 15. April 1994 zur Errichtung der Welthandelsorganisation* (World Trade Organization – WTO) *und zur Änderung anderer Gesetze* (WTOÜbkG) hat insbesondere durch die in seinem Rahmen geschlossenen Übereinkommen über die Anwendung gesundheitspolizeilicher und pflanzenschutzrechtlicher Maßnahmen (SPS-Übereinkommen) und über technische Handelshemmnisse (TBT-Übereinkommen) sowie deren Verknüpfung mit den Normen der Codex Alimentarius Kommission[85] erhebliche Auswirkungen auf das Lebensmittelrecht. Dies betrifft gerade auch gentechnisch veränderte Produkte, wie der Konflikt zwischen den USA, Kanada und Argentinien und der EG zeigt. Ein diesbezügliches WTO-Streitschlichtungspanel hat am 29. September 2006

---

[82] Härtel 2007: 24.
[83] Siehe dazu Abschnitt II.5.2 (EG-Gentechnik-Durchführungsgesetz).
[84] Siehe dazu Abschnitt II.4.1.4.2 (Zulassungsverfahren).
[85] Vgl. dazu Nieslony 2009 Bd. 5 (Biotechnologisch erzeugte Lebensmittel).

entschieden, dass das de-facto-Moratorium, das von 1999 bis 2004 wegen der Sperrminorität der reserviert eingestellten Mitgliedstaaten in der EU bestand und Neuzulassungen für den Anbau von GVO-Pflanzen verhinderte, mit dem WTO-Recht wegen »unberechtigter Verzögerung« unvereinbar war. Die nationalen Verbote von einzelnen GVO-Produkten hielt das Panel für wissenschaftlich nicht begründet und nicht auf eine dem SPS-Übereinkommen entsprechende Risikobewertung gestützt. Wichtige Streitfragen, die aber nicht konkreter Streitgegenstand waren, ließ das Panel ausdrücklich unbeantwortet, z. b. die generelle »Sicherheit« oder »Unsicherheit« von GVO-Produkten oder die Einstufung der »Gleichartigkeit« mit konventionellen Produkten. Der generelle Ansatz der auf dem Vorsorgeprinzip beruhenden restriktiven Politik der EG wurde nicht in Frage gestellt, die Bestimmungen über die Kennzeichnung und die Rückverfolgbarkeit wurden nicht beanstandet. Das Cartagena Protokoll wurde dabei nicht herangezogen, da die USA mangels Unterzeichnung, Argentinien und Kanada mangels Ratifikation nicht Vertragspartei waren. Ob der Nachhaltigkeitsgrundsatz (sustainable development) einen allgemeinen Grundsatz des Völkerrechts darstellt, hat das Panel offen gelassen. Zentraler Kritikpunkt war die mangelhafte Umsetzung des von ihr selbst gesetzten Rechts durch die EG.[86] Nach dem SPS-Übereinkommen haben alle WTO-Mitgliedstaaten und die EG als Vertragspartei das Recht, notwendige Maßnahmen zum Schutz des Lebens oder der Gesundheit von Menschen, Tieren oder Pflanzen zu treffen. Sie dürfen dabei auch ein im Vergleich zu internationalen Standards höheres Schutzniveau wählen, müssen dafür aber eine wissenschaftliche Begründung liefern oder eine vertretbare Risikobewertung vornehmen. Es bleibt abzuwarten, inwieweit die jüngsten restriktiven Maßnahmen einzelner Mitgliedstaaten, deren Beanstandung seitens der Kommission im Regelungsausschussverfahren und anschließend durch den Rat nicht gebilligt wurde[87], auf den Prüfstand des WTO-Rechts gestellt werden. Die EG-Kennzeichnungsregeln, die dem Verbraucher eine Wahlfreiheit ermöglichen sollen und nicht diskriminierend sind, dürften den Anforderungen des WTO-Rechts (TBT-Übereinkommen) genügen.[88]

---

[86] Der Bericht des WTO-Panels »European Communities – Measures affecting the approval and marketing of biotech products« (DS291, DS292 and DS293) umfasst über 1000 Seiten. Vgl. dazu z. B. Härtel 2007: 26 f. und Krell Zbinden 2007: 130 ff.
[87] Siehe dazu Abschnitt II.10.2 (Praxisbeispiel Oberösterreich).
[88] Vgl. zu diesem Problembereich Cremer 2004: 579 ff.; Lell 2004: 108 ff.; Thiele 2004: 794 ff.

Rechtliche Aspekte

9. Das Problem der Koexistenz von gentechnisch veränderten Lebensmitteln und Futtermitteln und herkömmlichen bzw. aus ökologischem Anbau stammenden Lebensmitteln und Futtermitteln

Durch Art. 43 der EG-Gennahrungsmittelverordnung wurde in die EG-Freisetzungsrichtlinie der Art. 26a eingefügt. Danach können die Mitgliedstaaten geeignete Maßnahmen ergreifen, um das unbeabsichtigte Vorhandensein von GVO in anderen Produkten zu verhindern. Damit wird auf eine gemeinschaftsrechtliche Regelung verzichtet, die Lösung des Problems der Koexistenz von gentechnisch veränderten Lebensmitteln und Futtermitteln und herkömmlichen bzw. aus ökologischem Anbau stammenden Lebensmitteln und Futtermitteln den Mitgliedstaaten überlassen. Die Kommission beschränkt sich darauf, Informationen auf der Grundlage von Untersuchungen auf gemeinschaftlicher und nationaler Ebene zu sammeln und zu koordinieren, die Entwicklungen bei der Koexistenz in den Mitgliedstaaten zu beobachten und auf der Grundlage dieser Informationen und Beobachtungen Leitlinien für die Koexistenz von genetisch veränderten, konventionellen und ökologischen Kulturen zu entwickeln. Solche Leitlinien hat die Kommission durch ihre *Empfehlung der Kommission vom 23. Juli 2003 mit Leitlinien für die Erarbeitung einzelstaatlicher Strategien und geeigneter Verfahren für die Koexistenz gentechnisch veränderter, konventioneller und ökologischer Kulturen* (2003/556/EG)[89] vorgelegt. Die Leitlinien offenbaren den Konflikt, die Wahlfreiheit sowohl der Erzeuger als auch der Verbraucher zu gewährleisten. Die Landwirte sollten – auch aus Gründen des internationalen Wettbewerbs – grundsätzlich die Möglichkeit haben, zu wählen, ob sie gentechnisch veränderte, konventionelle oder ökologische Kulturen anbauen möchten. Nach Ansicht der Kommission sollte keine dieser Erzeugungsformen in der EU ausgeschlossen sein. Andererseits müsse eine wirkliche Wahlfreiheit der Verbraucher zwischen GVO-Lebensmitteln und Lebensmitteln »ohne Gentechnik« gewährleistet werden. Die Kommission unterscheidet zwischen den wirtschaftlichen Aspekten einerseits und den mit der EG-Freisetzungsrichtlinie geregelten ökologischen und gesundheitlichen Aspekten andererseits. Letztlich besteht das Problem darin, einerseits den Anbau von GVO-Pflanzen zu wirtschaftlich vertretbaren Bedingungen zu ermöglichen und andererseits die Wahlfreiheit von Verbrauchern und Erzeugern für wirklich »gentechnikfreie« Produkte zu gewährleisten. Die Lösung über Schwellenwerte ist insoweit un-

---

[89] Empfehlung 2003/556/EG.

Das Problem der Koexistenz

befriedigend,[90] zumal die Bezeichnung »ohne Gentechnik« im deutschen EG-Gentechnik-Durchführungsgesetz insoweit ausdrücklich eine Ausnahme enthält.[91] Sie kann allein den unhaltbaren Zustand beenden, dass ohne Einsatz der Gentechnik arbeitende Landwirte durch angrenzende Felder mit GVO-Anbau ihre Produkte als »GVO-Produkte« bezeichnen bzw. mangels eingeholter, da gar nicht gewollter, Genehmigung sogar vernichten mussten.[92] Andererseits können die Anforderungen an den Anbau von GVO-Produkten, insbesondere an entsprechende Vorsorgepflichten (vgl. § 16b GenTG) anknüpfende Haftungsregeln (vgl. § 36a GenTG), diesen praktisch unmöglich machen.[93] Der Bericht der Kommission an den Rat und das Europäische Parlament vom 9. März 2006 über Maßnahmen der Mitgliedstaaten über Koexistenz gentechnisch veränderter, konventioneller und ökologischer Kulturen hielt es angesichts der begrenzten Erfahrungen mit dem Anbau veränderter Kulturen in der EU und der noch nicht abgeschlossenen Einführung entsprechender Maßnahmen in den Mitgliedstaaten »derzeit« für nicht gerechtfertigt, diesbezüglich gemeinschaftsrechtliche Rechtsvorschriften aufzustellen – eine für die ansonsten sehr regelungsfreudige Kommission bemerkenswerte Zurückhaltung. Die von der damaligen österreichischen Ratspräsidentschaft am 5. und 6. April 2006 in Wien veranstaltete »Koexistenz-Konferenz« offenbarte den Konflikt zwischen denjenigen, die die Nutzung der Grünen Gentechnik innerhalb der EU ermöglichen und fördern, und denjenigen, die sie generell verhindern wollen. Selbst innerhalb der Kommission bestehen offenbar grundsätzliche Gegensätze zwischen den für Landwirtschaft bzw. den Umweltschutz zuständigen Generaldirektionen. Auch die Mitgliedstaaten verfolgen unterschiedliche Ansätze, wobei die Tendenz in jüngster Zeit dahin gehen dürfte, den Mitgliedstaaten die Untersagung des Anbaus von GVO-Produkten zumindest zu erlauben und dadurch »gentechnikfreie Zonen« herzustellen.[94] Freilich: Die Ermächtigung in Art. 26a der EG-Freisetzungsrichtlinie entbindet die Mitgliedstaaten nicht davon, die Grundfreiheiten des Binnenmarktes (Freier Warenverkehr, Niederlas-

---

[90] Vgl. dazu Streinz / Kalbheim 2006: 146.
[91] Siehe dazu Abschnitt II.6 (Negativkennzeichnung – »Gentechnikfrei« – »Ohne Gentechnik«).
[92] Vgl. dazu Wegener 2007: 91 ff.
[93] »All dies sind Anforderungen, die bei konsequenter Durchsetzung und in Kombination mit weiteren Belastungen geeignet erscheinen, die Nutzung der Gentechnik in der Landwirtschaft ihrer Attraktivität zu berauben« (Wegener 2007: 91). Zum Haftungsrecht vgl. Kaufmann 2007: 99 ff.
[94] Siehe dazu Abschnitt II.10.2 (Praxisbeispiel Oberösterreich).

Rechtliche Aspekte

sungsfreiheit, Dienstleistungsfreiheit, Art. 34/36; Art. 49; Art. 56 AEUV; *ex-Art. 28/30; ex-Art. 43; ex-Art. 49 EGV*) zu beachten. Diese binden neben den hier für die EU und beim Vollzug des Unionsrechts auch für die Mitgliedstaaten ebenfalls einschlägigen Unionsgrundrechten auch den Unionsgesetzgeber bei der Rechtsetzung.[95] Ferner sind die Vorgaben des Völkerrechts, insbesondere des Welthandelsrechts, zu beachten. Ungeachtet weiterer politischer Gestaltungs- und Einschätzungsspielräume, kann es in einer Rechtsgemeinschaft wie der EU keine rechtsfreien Räume ohne gerichtlichen Rechtsschutz geben.

10. Nationale Alleingänge

10.1 *Zulässigkeit*

Da die EG-Freisetzungsrichtlinie auf Art. 95 EGV (jetzt Art. 114 AEUV) gestützt ist, kommt insoweit auch ein kontrollierter nationaler Alleingang gemäß Art. 114 Abs. 4–9 AEUV in Betracht. Dies ist eine Ausnahme von der Regel, dass EU-Richtlinien eine im Ergebnis einheitlich geltende gemeinschaftsrechtliche Regelung herbeiführen sollen und stellt eine besondere Form der Mindestharmonisierung dar, da nur strengere nationale Regelungen in den genannten Bereichen zulässig sind. Dabei sind die Anforderungen an die Einführung neuer strengerer Vorschriften strikter als für die Beibehaltung bestehender Vorschriften.[96]

Der 2003 in die EG-Freisetzungsrichtlinie eingefügte Art. 26a überlässt den Mitgliedstaaten ausdrücklich die Regelung des Koexistenzproblems.

Gemäß der Schutzklausel des Art. 23 der EG-Freisetzungsrichtlinie kann ein Mitgliedstaat den Einsatz oder Verkauf eines GVO als Produkt oder in einem Produkt in seinem Hoheitsgebiet vorübergehend einschränken oder verbieten, wenn er aufgrund neuer oder zusätzlicher Informationen oder aufgrund einer Neubewertung der vorliegenden Informationen auf der Grundlage neuer oder zusätzlicher wissenschaftlicher Erkenntnisse berechtigten Grund zu der Annahme hat, dass ein GVO als Produkt oder ein GVO in einem Produkt, der nach der EG-Freisetzungsrichtlinie vorschriftsmäßig angemeldet wurde und für den eine schriftliche Zustimmung

---

[95] Vgl. zuletzt Gerichtshof der Europäischen Gemeinschaften 2005a: Rn 47 mit weiteren Nachweisen.
[96] Vgl. dazu Meyer / Streinz / Streinz 2007: Einf. Rn 50.

erteilt worden ist (vgl. Art. 13 ff.), eine Gefahr für die menschliche Gesundheit oder die Umwelt darstellt. Davon ist unverzüglich die Kommission zu unterrichten, die innerhalb von 60 Tagen (zuzüglich maximal 60 weiterer Tage des Abwartens weiterer Informationen und der Stellungnahme wissenschaftlicher Ausschüsse) im Regelungsverfahren eine Entscheidung über die von dem Mitgliedstaat beschlossene Maßnahme trifft.

Art. 34 Gennahrungsmittelverordnung verweist hinsichtlich Sofortmaßnahmen bei wahrscheinlich ernsten Risiken für die Gesundheit von Mensch und Tier oder die Umwelt auf Art. 53 und 54 der Basisverordnung. Gemäß Art. 53 der Basisverordnung sind die Sofortmaßnahmen grundsätzlich von der Kommission zu ergreifen. Hat die Kommission nicht gehandelt, kann ein Mitgliedstaat gemäß Art. 54 der Basisverordnung vorläufige Schutzmaßnahmen ergreifen, von denen die anderen Mitgliedstaaten und die Kommission unverzüglich zu unterrichten sind. Diese befasst innerhalb von zehn Arbeitstagen den Ständigen Ausschuss über die Verlängerung.

10.2 Praxisbeispiel Oberösterreich

Gestützt auf Art. 95 Abs. 5 EGV (jetzt Art. 114 Abs. 5 AEUV) hat das österreichische Bundesland Oberösterreich versucht, sich abweichend von der EG-Freisetzungsrichtlinie durch das Gentechnik-Verbotsgesetz 2002 zur »Gentechnikfreien Zone« zu erklären. Im Land Oberösterreich sollte danach der Anbau von Saat- und Pflanzgut, das aus GVO besteht oder GVO enthält, sowie die Zucht und das Freilassen von transgenen Tieren zu Zwecken der Jagd und der Fischerei verboten sein. Es teilte dieses Vorhaben zusammen mit einem dazu erstellten Bericht mit dem Titel »GVO-freie Bewirtschaftungsgebiete: Konzeption und Analysen von Szenarien und Umsetzungsschritten«[97] gemäß Art. 95 Abs. 5 EGV (jetzt Art. 114 Abs. 5 AEUV) der EU-Kommission mit. Die Kommission beauftragte die EFSA, eine Stellungnahme zu der Beweiskraft der wissenschaftlichen Erkenntnisse abzugeben, die von der Republik Österreich (die Zentralstaat und insoweit als Mitgliedstaat zuständig ist) angeführt wurden. Die EFSA gelangte zu dem Ergebnis, dass diese Angaben keine neuen wissenschaftlichen Erkenntnisse enthielten, die im Land Oberösterreich ein Verbot von GVO rechtfertigen würden. Unter diesen Umständen erließ die Kommission eine ablehnende Entscheidung, da die Republik Österreich

---

[97] Oberösterreichische Landesregierung 2002: A.4.

Rechtliche Aspekte

weder neue wissenschaftliche Erkenntnisse vorgelegt noch bewiesen habe, dass ein spezifisches Problem für das Land Oberösterreich bestehe, das sich erst nach Verabschiedung der EG-Freisetzungsrichtlinie ergeben hätte und das die Einführung der mitgeteilten einzelstaatlichen Maßnahmen notwendig erscheinen ließe.[98] Gegen diese Entscheidung erhoben die Republik Österreich und das Land Oberösterreich Nichtigkeitsklage, die vom Europäischen Gericht in erster Instanz (EuG – jetzt: »Gericht«) abgewiesen wurde. Die Voraussetzungen des Art. 95 Abs. 5 EGV (jetzt Art. 114 Abs. 5 AEUV) seien kumulativ und von dem den Antrag stellenden Mitgliedstaat zu belegen. Die Republik Österreich habe aber nicht nachgewiesen, dass das Gebiet des Landes Oberösterreich über ein ungewöhnliches oder einzigartiges Ökosystem verfüge, das eine andere Umweltverträglichkeitsprüfung erforderlich machen würde, als sie für Österreich insgesamt oder für andere vergleichbare Gebiete in Europa durchgeführt wird, und somit »spezifische Probleme« im Sinne des Art. 95 Abs. 5 EGV (jetzt Art. 114 Abs. 5 AEUV) vorliegen. Auf die unsubstanziierte Berufung auf das Vorsorgeprinzip (vgl. Art. 7 EG-BasisVO)[99] könne ein Antrag gemäß Art. 95 Abs. 5 EGV (jetzt Art. 114 Abs. 5 AEUV) nicht gestützt werden[100]. Der Gerichtshof der Europäischen Union (EuGH) hat darin keinen Rechtsfehler gesehen und daher das Urteil des Europäischen Gerichts erster Instanz (EuG) bestätigt.[101]

Problematisch an diesem Vorgehen Oberösterreichs war das pauschale Verbot von GVO ohne Einzelfallprüfung und ohne hinreichende Begründung. Dies schließt allerdings andere Maßnahmen zur Beschränkung von GVO nicht aus, zumal Art. 26a der EG-Freisetzungsrichtlinie damals noch nicht anwendbar war. Darauf gestützt wurden z.B. in Österreich Gentechnik-Vorsorgegesetze der Bundesländer erlassen,[102] deren strenge Regelungen den nach EU-Recht zulässigen GVO-Anbau in Österreich unattraktiv machen. Dahinter steckt eine bewusste Strategie,[103] die bislang den Anbau von GVO-Produkten in Österreich verhindert hat. Ferner hat Österreich gestützt auf die Schutzklausel des Art. 23 EG-Freisetzungsrichtlinie und deren Umsetzung in § 60 des österreichischen Gentechnik-

---

[98] Entscheidung 2003/653/EG.
[99] Vgl. dazu Bevilacqua 2006: 331 ff.
[100] Gericht erster Instanz der Europäischen Gemeinschaften 2005b. Vgl. dazu die Anmerkungen von Ohler 2005; Kahl 2006; Palme 2005 sowie die Analyse von Streinz 2006.
[101] Gerichtshof der Europäischen Gemeinschaften 2007.
[102] Vgl. z.B. das Tiroler Gentechnik-Vorsorgegesetz.
[103] So ausdrücklich das österreichische Lebensmittelministerium.

Nationale Alleingänge

gesetzes (Gentechnikgesetz – GTG)[104] den Import und den Anbau der in der EG zugelassenen gentechnisch veränderten Maissorten MON 810 und T25 verboten. Während die Importverbote hinsichtlich der Verarbeitung aufgrund von Entscheidungen der EU-Kommission letztlich aufgehoben werden mussten,[105] scheiterte die Kommission mit ihrem Antrag, das zuletzt erlassene Anbauverbot[106] aufzuheben[107], da sich ungeachtet der Unbedenklichkeitsbescheinigung der EFSA[108] eine qualifizierte Mehrheit im Umweltministerrat für die Beibehaltung des Importverbotes hinsichtlich des Anbaus von »Genmais« ausgesprochen hatte[109]. Dies führte zu einer Belebung der Diskussion über entsprechende Anbauverbote auch in anderen Mitgliedstaaten, z.B. in Deutschland. Mittlerweile ist aufgrund der Schutzklausel des Art. 23 EG-Freisetzungsrichtlinie der Anbau von MON 810 außer in Österreich in Frankreich, Griechenland, Ungarn, Luxemburg und auch in Deutschland[110] verboten.[111]

---

[104] Aktuelle Fassung in Herdegen 2009: Teil 4, L II.
[105] Gegen die Aufhebungsanträge KOM 2007, 586 endg. und KOM 2007, 589 endg. kam nach der Drohung der USA mit Strafzöllen infolge des Berichts des WTO-Panels von 2006 keine qualifizierte Mehrheit im Umweltministerrat zustande, so dass die Entscheidungskompetenz gemäß dem Regelungsausschussverfahren des Komitologiebeschlusses an die Kommission zurückfiel.
[106] Verordnung Nr. 181/2008. Entsprechende Verordnung hinsichtlich gentechnisch veränderten Mais T25: Verordnung Nr. 180/2008.
[107] Anträge KOM 2009, 56 endg.; KOM 2009, 51 endg.
[108] EFSA 2008.
[109] Für den Antrag der Kommission stimmten nur das Vereinigte Königreich, die Niederlande, Schweden und Finnland. Deutschland stimmte trotz Uneinigkeit zwischen dem Minister für Umwelt, Naturschutz und Reaktorsicherheit und der Ministerin für Ernährung, Landwirtschaft und Verbraucherschutz einerseits sowie der Ministerin für Bildung und Forschung andererseits dagegen. Eine in solchen Fällen übliche Stimmenthaltung hätte im Ergebnis die Kommission unterstützt, da eine qualifizierte Mehrheit gegen diese zustande kommen muss.
[110] Gestützt auf die in Umsetzung der Schutzklausel des Art. 23 EG-Freisetzungsrichtlinie erlassene Schutzklausel des § 20 Abs. 2 GenTG durch die sogenannte Ruhensanordnung, Bescheid des BVL vom 17. April 2009 auf Anweisung des BMELV vom 15. April 2009. Bestätigt durch Beschluss des Verwaltungsgerichts Braunschweig vom 4. Mai 2009 (2 B 111/09) und Beschluss des Niedersächsischen Oberverwaltungsgerichts vom 28. Mai 2009. Vgl. dazu BLL (2010): 109 f.
[111] Vgl. zur Zulässigkeit sogenannter gentechnikfreier Zonen Dederer 2010: 3 ff.

11. Gentechnisch veränderte Lebensmittel und Futtermittel in der Praxis

11.1 Stand der Genehmigungsverfahren

Gemäß Art. 28 der EG-Gennahrungsmittelverordnung erstellt und unterhält die Kommission ein Gemeinschaftsregister genetisch veränderter Lebensmittel und Futtermittel, das der Öffentlichkeit zugänglich gemacht wird. Eine Übersicht über den Stand der GVO-Zulassungen von Lebensmitteln und Futtermitteln gemäß der EG-Gennahrungsmittelverordnung sowie der vor deren Inkrafttreten maßgeblichen Novel Food-Verordnung Nr. 258/97 bieten die Homepages der Europäischen Kommission[112] sowie des Bundesinstituts für Risikobewertung (BfR)[113] und ferner Transgen[114]. Die Zulassungen bzw. Anträge betreffen Mais und Zuckerrüben bzw. Kartoffeln, Raps und Reis.

11.2 Rechtsschutz

Bei Vorliegen der Voraussetzungen, d.h. wenn sich aus der Sicherheitsbewertung keine Gefährdung für Mensch und Umwelt von dem freigesetzten GVO ableiten lässt, besteht gemäß § 16 GenTG ein Rechtsanspruch auf Erteilung der Genehmigung der Freisetzung und des Inverkehrbringens eines GVO.[115] Wird das Inverkehrbringen eines GVO gemäß der EG-Freisetzungsrichtlinie und des diese umsetzenden Gentechnikgesetzes durch die zuständige deutsche Behörde abgelehnt, so besteht verwaltungsgerichtlicher Rechtsschutz im Wege der Verpflichtungsklage (§ 42 Abs. 1 Verwaltungsgerichtsordnung – VwGO).[116] Ergeht diese ablehnende Entscheidung aufgrund einer ablehnenden Entscheidung im EU-Beteiligungsverfahren, kann der Anmelder Nichtigkeitsklage gemäß Art. 263 Abs. 4 AEUV *(ex-Art. 230 Abs. 4 EGV)* zum Gericht (bislang Gericht erster Instanz – EuG) erheben, aber auch Verpflichtungsklage zum deutschen Verwaltungsgericht, das die Frage der Gültigkeit der Entscheidung der

---

[112] URL http://ec.europa.eu/food/food/biotechnology/index_en.htm [31. Januar 2011].
[113] URL htttp://www.bfr.bund.de/cd/2392 [31. Januar 2011].
[114] URL http://www.transgen.de/zulassung/ [31. Januar 2011].
[115] § 16 Abs. 1 GenTG: »Die Genehmigung für eine Freisetzung ist zu erteilen, wenn [...]«; § 16 Abs. 2 GenTG: »Die Genehmigung für ein Inverkehrbringen ist zu erteilen oder zu verlängern, wenn [...]«.
[116] Herdegen / Herdegen / Dederer 2009: Teil 1, I.2, S. 57.

EG-Kommission dem EuGH gemäß Art. 267 AEUV *(ex-Art. 234 EGV)* vorlegen kann bzw. – falls es die Entscheidung der Kommission für rechtswidrig hält – vorlegen muss, da ihm insoweit die Verwerfungskompetenz fehlt.[117] Entscheidungen der Kommission bzw. des Rates gemäß Art. 18 Abs. 1 oder Art. 23 Abs. 2 (i.V.m. Art. 30 Abs. 2) EG-Freisetzungsrichtlinie können von den Mitgliedstaaten mit der Nichtigkeitsklage zum EuGH (Art. 263 Abs. 2 AEUV; *ex-Art. 230 Abs. 2 EGV*) angegriffen werden, von Individuen nur unter den engen Voraussetzungen des Art. 263 Abs. 4 AEUV *(ex-Art. 230 Abs. 4 EGV)*.[118]

Art. 36 der EG-Gennahrungsmittelverordnung sieht allein eine Überprüfung der Entscheidungen und Unterlassungen der EFSA durch die Kommission aus eigener Initiative oder auf Ersuchen (Frist zwei Monate) eines Mitgliedstaats oder einer unmittelbar und individuell betroffenen Person vor. Die Kommission entscheidet innerhalb von zwei Monaten und verpflichtet die EFSA gegebenenfalls, ihre Entscheidung aufzuheben oder der Unterlassung abzuhelfen. Gegen für den Antragsteller negative Entscheidungen der Kommission und gegen ein pflichtwidriges Unterlassen muss effektiver Rechtsschutz im Wege der Nichtigkeitsklage (Art. 263 Abs. 4 AEUV/*ex-Art. 230 Abs. 4 EGV*) oder der Untätigkeitsklage (Art. 265 Abs. 3 AEUV/*ex-Art. 232 Abs. 3 EGV*) möglich sein.[119] Selbst wenn insoweit kein Anspruch auf Zulassung bestehen sollte,[120] muss mindestens das vorgeschriebene Verfahren eingehalten werden.

11.3 Akzeptanzprobleme

Sowohl der Anbau gentechnisch veränderter Pflanzen als auch der Absatz gentechnisch veränderter Lebensmittel stößt nach wie vor und eher zunehmend auf Akzeptanzprobleme.[121] Gegen die Grüne Gentechnik wird vor allem das Koexistenzproblem eingewandt. Eine beträchtliche Anzahl von Regionen erklärt sich für »gentechnikfrei« und veranstaltet entsprechende Konferenzen.[122] Dies sind politische Absichtserklärungen und Selbstver-

---

[117] Herdegen / Herdegen / Dederer 2009: Teil 1, I.2, S. 58.
[118] Herdegen / Herdegen / Dederer 2009: Teil 1, I.2, S. 59.
[119] Vgl. dazu Groß 2001: 195 ff.; Blatter 2003: 191 ff.
[120] Vgl. zu diesem Problem hinsichtlich der Novel Food-Verordnung Meyer 2002: Rn 401.
[121] Vgl. dazu Teil III. (Ethische Aspekte) des vorliegenden Sachstandsberichts.
[122] Vgl. z. B. die European Conference on GMO-free Regions, Biodiversity and Rural Development vom 19. bis 20. April 2007 in Berlin und zuletzt die 5. Konferenz von GMO-Freien Regionen vom 24. bis 25. April 2009 in Luzern.

pflichtungen der Erzeuger und des Handels, in bestimmten Fällen aber auch rechtliche Festlegungen im Rahmen der »nationalen Alleingänge«, die das EG-Recht zulässt.[123] Allerdings sieht die Generaldirektion Landwirtschaft der EU-Kommission Probleme hinsichtlich des Angebots an Futtermitteln durch Importverbote für Sojaschrot mit Spuren von innerhalb der EU nicht zugelassenen GVO (Politik der Nulltoleranz[124]), während gleichzeitig Fleisch von Tieren importiert würde, die mit in der EU nicht zugelassenen Sojabohnen gefüttert worden seien.[125] Insgesamt besteht in der Europäischen Union eine uneinheitliche Haltung sowohl innerhalb der EU-Kommission als auch zwischen den Mitgliedstaaten, wobei in letzter Zeit eine restriktive Tendenz zu erkennen ist.

12. Ausblick

Angesichts der restriktiven Tendenzen hinsichtlich der Genehmigung von GVO-Produkten stellt sich die Frage nach der praktischen Bedeutung des äußerst komplizierten und unübersichtlichen Rechts der Grünen Gentechnik. Dieses Recht befindet sich derzeit in einem »unerträglich chaotischen Zustand«[126] und bedarf bereinigender und klarstellender Reformen. Der restriktiven Praxis innerhalb der Europäischen Union und der hier offenbar bestehenden Zurückhaltung der Verbraucher steht eine Zunahme des weltweiten Einsatzes der Gentechnik in der Landwirtschaft gegenüber. Dies wirft die Frage auf, inwieweit aus Drittstaaten importierte Produkte wirksam auf die Einhaltung der EU-Vorschriften kontrolliert werden können und inwiefern hier aus Gründen der Praktikabilität Schwellenwerte akzeptiert werden können bzw. sollen bzw. müssen. Dies betrifft insbesondere die Vermischung von Futtermitteln sowie den Import von Tieren, bei denen die Fütterung mit GVO-Futtermitteln nicht nachgewiesen werden kann. Hinzu kommen Konflikte mit dem Welthandelsrecht, wenn sich die EU durch neue Moratorien bzw. die Genehmigung oder Duldung restriktiver Praktiken ihrer Mitgliedstaaten nicht an das eigene, durch Spielräume des Welthandelsrechts gedeckte Recht hält. Bei Verstößen gegen das WTO-Recht kann den betreffenden Vertragsparteien, z.B. den USA,

---

[123] Siehe dazu Abschnitt II.11.2 (Rechtsschutz).
[124] Vgl. Wiemers / Sonder 2010: 567 ff.
[125] Vgl. den Bericht der Generaldirektion Landwirtschaft der EU-Kommission. URL http://ec.europa.eu/agriculture/envir/gmo/economic_impactGMOs_en.pdf [23. Februar 2011].
[126] So Wegener 2007: 79 f. mit weiteren Nachweisen.

die Verhängung von Strafzöllen gegenüber Importen aus der Europäischen Union gestattet werden, die innerhalb der EU einen entsprechenden Druck ausüben. Somit bleibt die Zukunft der Grünen Gentechnik in der EU und ihren Mitgliedstaaten ungewiss.

Literaturverzeichnis

Internationale Vereinbarungen

Cartagena Protocol on Biosafety to the Convention on Biological Diversity vom 29. Januar 2000 (Bundesgesetzblatt 2003 II, 1508). URL http://www.cbd.int/doc/legal/cartagena-protocol-en.pdf [18. Mai 2009].

Übereinkommen zur Errichtung der Welthandelsorganisation (WTO) vom 15. April 1994 (Bundesgesetzblatt 1994 II, 1625).

Dokumente der Europäischen Kommission

Beschluss 1999/468/EG des Rates vom 28. Juni 1999 zur Festlegung der Modalitäten für die Ausübung der der Kommission übertragenen Durchführungsbefugnisse. In: Amtsblatt der Europäischen Gemeinschaften, Nr. L 184 vom 17. Juli 1999, 23–26, zuletzt geändert durch den Beschluss 2006/512/EG des Rates vom 17. Juli 2006 (Komitologiebeschluss). In: Amtsblatt der Europäischen Union, Nr. L 200 vom 22. Juli 2006, 11–13.

Empfehlung 2003/556/EG der Kommission vom 23. Juli 2003 mit Leitlinien für die Erarbeitung einzelstaatlicher Strategien und geeigneter Verfahren für die Koexistenz gentechnisch veränderter, konventioneller und ökologischer Kulturen. K(2003) 2624. In: Amtsblatt der Europäischen Union, Nr. L 189 vom 29. Juli 2003, 36–47.

Entscheidung 96/281/EG der Kommission vom 3. April 1996 über das Inverkehrbringen genetisch veränderter Sojabohnen (Glycin max. L.) mit erhöhter Verträglichkeit des Herbizids Glyphosat nach der Richtlinie 90/220/EWG des Rates. In: Amtsblatt der Europäischen Gemeinschaften, Nr. L 107 vom 30. April 1996, 10–11.

Entscheidung 97/98/EG der Kommission vom 23. Januar 1997 über das Inverkehrbringen von genetisch verändertem Mais (Zea Mays L.) mit der kombinierten Veränderung der Insektizidwirkung des BT-Endotoxin-Gens und erhöhter Toleranz gegenüber dem Herbizid Glufosinatammonium gemäß der Richtlinie 90/220/EWG des Rates. In: Amtsblatt der Europäischen Gemeinschaften, Nr. L 31 vom 1. Februar 1997, 69–70.

Entscheidung 2003/653/EG der Kommission vom 2. September 2003 über die einzelstaatlichen Bestimmungen zum Verbot des Einsatzes gentechnisch veränderter Organismen im Land Oberösterreich, die von der Republik Österreich gemäß Artikel 95 Absatz 5 EG-Vertrag mitgeteilt wurden. In: Amtsblatt der Europäischen Union, Nr. L 230 vom 16. September 2003, 34–43.

Rechtliche Aspekte

Richtlinie 90/219/EWG des Rates vom 23. April 1990 über die Anwendung genetisch veränderter Mikroorganismen in geschlossenen Systemen. In: Amtsblatt der Europäischen Gemeinschaften, Nr. L 117 vom 8. Mai 1990, 1–14. Mehrfach geändert, zuletzt durch die Richtlinie 98/81/EG. In: Amtsblatt der Europäischen Gemeinschaften, Nr. L 330 vom 26. Oktober 1998, 13–31 [zitiert als EG-Systemrichtlinie].

Richtlinie 90/220/EWG des Rates vom 23. April 1990 über die absichtliche Freisetzung von genetisch veränderten Organismen in die Umwelt. In: Amtsblatt der Europäischen Gemeinschaften, Nr. L 117 vom 8. Mai 1990, 15–27 [zitiert als Freisetzungsrichtlinie 90/220/EWG].

Richtlinie 98/81/EG des Rates vom 26. Oktober 1998 zur Änderung der Richtlinie 90/219/EWG über die Anwendung genetisch veränderter Mikroorganismen in geschlossenen Systemen. In: Amtsblatt der Europäischen Gemeinschaften, Nr. L330 vom 5. Dezember 1998, 13–31.

Richtlinie 2000/13/EG des Europäischen Parlaments und des Rates vom 20. März 2000 zur Angleichung der Rechtsvorschriften der Mitgliedstaaten über die Etikettierung und Aufmachung von Lebensmitteln sowie die Werbung hierfür. In: Amtsblatt der Europäischen Gemeinschaften, Nr. L 109 vom 6. Mai 2000, 29–42.

Richtlinie 2001/18/EG des Europäischen Parlaments und des Rates vom 12. März 2001 über die absichtliche Freisetzung genetisch veränderter Organismen in die Umwelt und zur Aufhebung der Richtlinie 90/220/EWG des Rates. In: Amtsblatt der Europäischen Gemeinschaften, Nr. L 106 vom 17. April 2001, 1–39. Mehrfach geändert, zuletzt durch Richtlinie 2008/27/EG des Europäischen Parlaments und des Rates vom 11. März 2008. In: Amtsblatt der Europäischen Gemeinschaften, Nr. L 81 vom 20. März 2008, 45–47 [zitiert als EG-Freisetzungsrichtlinie].

Richtlinie 2008/27/EG des Europäischen Parlaments und des Rates vom 11. März 2008 zur Änderung der Richtlinie 2001/18/EG über die absichtliche Freisetzung genetisch veränderter Organismen in die Umwelt im Hinblick auf die der Kommission übertragenen Durchführungsbefugnisse. In: Amtsblatt der Europäischen Union, Nr. L 81 vom 20. März 2008, 45–47.

Richtlinie 2009/41/EG des Europäischen Parlaments und des Rates vom 6. Mai 2009 über die Anwendung gentechnisch veränderter Mikroorganismen in geschlossenen Systemen. In: Amtsblatt der Europäischen Union, Nr. L 125 vom 21. Mai 2009, 75–97 [EG-Systemrichtilinie].

Verordnung (EG) Nr. 65/2004 der Kommission vom 14. Januar 2004 über ein System für die Entwicklung und Zuweisung spezifischer Erkennungsmarker für genetisch veränderte Organismen. In: Amtsblatt der Europäischen Union, Nr. L 10 vom 16. Januar 2004, 5–10.

Verordnung (EG) Nr. 178/2002 des Europäischen Parlaments und des Rates vom 28. Januar 2002 zur Festlegung der allgemeinen Grundsätze und Anforderungen des Lebensmittelrechts, zur Errichtung der Europäischen Behörde für Lebensmittelsicherheit und zur Festlegung von Verfahren zur Lebensmittelsicherheit. In: Amtsblatt der Europäischen Gemeinschaften, Nr. L 31 vom 1. Februar 2002, 1–24. Zuletzt geändert durch Verordnung (EG) 202/2008 vom 4. März 2008 zur Änderung der Verordnung (EG) Nr. 178/2002 des Europäischen Parlaments und des Rates hinsichtlich Anzahl und Bezeichnung der wissenschaftlichen Gremien der Europäischen Behörde

Literaturverzeichnis

für Lebensmittelsicherheit. In: Amtsblatt der Europäischen Union, Nr. L 60 vom 5. März 2008, 17 [zitiert als Basisverordnung].

Verordnung (EG) Nr. 258/97 des Europäischen Parlaments und des Rates vom 27. Januar 1997 über neuartige Lebensmittel und neuartige Lebensmittelzutaten. In: Amtsblatt der Europäischen Gemeinschaften, Nr. L 43 vom 14. Februar 1997, 1–6. [Zitiert als Novel Food Verordnung Nr. 258/97]

Verordnung (EG) Nr. 641/2004 der Kommission vom 6. April 2004 mit Durchführungsbestimmungen zur Verordnung (EG) Nr. 1829/2003 des Europäischen Parlaments und des Rates hinsichtlich des Antrags auf Zulassung neuer genetisch veränderter Lebensmittel und Futtermittel, der Meldung bestehender Erzeugnisse und des zufälligen oder technisch unvermeidbaren Vorhandenseins genetisch veränderten Materials, zu dem die Risikobewertung befürwortend ausgefallen ist. In: Amtsblatt der Europäischen Union, Nr. L 102 vom 7. April 2004, 14–25.

Verordnung (EG) Nr. 726/2004 des Europäischen Parlaments und des Rates vom 31. März 2004 zur Festlegung von Gemeinschaftsverfahren für die Genehmigung und Überwachung von Human- und Tierarzneimitteln und zur Errichtung einer Europäischen Arzneimittel-Agentur. In: Amtsblatt der Europäischen Union, Nr. L 136 vom 30. April 2004, 1–33.

Verordnung (EG) Nr. 834/2007 des Rates vom 28. Juni 2007 über die ökologische/biologische Produktion und die Kennzeichnung von ökologischen/biologischen Erzeugnissen und zur Aufhebung der Verordnung (EWG) Nr. 2092/91. In: Amtsblatt der Europäischen Union, Nr. L 189 vom 20. Juli 2007, 1–23.

Verordnung (EG) Nr. 1139/98 des Rates vom 26. Mai 1998 über Angaben, die zusätzlich zu den in der Richtlinie 79/112/EWG aufgeführten Angaben bei der Etikettierung bestimmter aus genetisch veränderten Organismen hergestellter Lebensmittel vorgeschrieben sind. In: Amtsblatt der Europäischen Gemeinschaften, Nr. L 159 vom 3. Juni 1998, 4–7.

Verordnung (EG) Nr. 1760/2000 des Europäischen Parlaments und des Rates vom 17. Juli 2000 zur Einführung eines Systems zur Kennzeichnung und Registrierung von Rindern und über die Etikettierung von Rindfleisch und Rindfleischerzeugnissen sowie zur Aufhebung der Verordnung (EG) Nr. 820/97 des Rates. In: Amtsblatt der Europäischen Gemeinschaften, Nr. L 204 vom 11. August 2000, 1–10.

Verordnung (EG) Nr. 1813/97 der Kommission vom 19. September 1997 über Angaben, die zusätzlich zu den in der Richtlinie 79/112/EWG des Rates aufgeführten Angaben auf dem Etikett bestimmter aus genetisch veränderten Organismen hergestellter Lebensmittel vorgeschrieben sind. In: Amtsblatt der Europäischen Gemeinschaften, Nr. L 257 vom 20. September 1997, 7–8.

Verordnung (EG) Nr. 1829/2003 des Europäischen Parlaments und des Rates vom 22. September 2003 über genetisch veränderte Lebensmittel und Futtermittel. In: Amtsblatt der Europäischen Union; Nr. L 268 vom 18. Oktober 2003, 1–23. Geändert durch die Verordnung (EG) Nr. 1981/2006 der Kommission vom 22. Dezember 2006 mit Durchführungsbestimmungen zu Artikel 32 der Verordnung (EG) Nr. 1829/2003 des Europäischen Parlaments und des Rates über das gemeinschaftliche Referenzlaboratorium für gentechnisch veränderte Organismen. In: Amtsblatt der Europäischen Union, Nr. L 368 vom 23. Dezember 2006, 99–109 [zitiert als Gennahrungsmittelverordnung].

Rechtliche Aspekte

Verordnung (EG) Nr. 1830/2003 des Europäischen Parlaments und des Rates vom 22. September 2003 über die Rückverfolgbarkeit und Kennzeichnung von genetisch veränderten Organismen und über die Rückverfolgbarkeit von aus genetisch veränderten Organismen hergestellten Lebensmitteln und Futtermitteln sowie zur Änderung der Richtlinie 2001/18/EG. In: Amtsblatt der Europäischen Union, Nr. L 268 vom 18. Oktober 2003, 24–28 [zitiert als EG-Kennzeichnungs- und Rückverfolgbarkeitsverordnung].

Verordnung (EG) Nr. 1946/2003 des Europäischen Parlaments und des Rates vom 15. Juli 2003 über grenzüberschreitende Verbringungen genetisch veränderter Organismen. In: Amtsblatt der Europäischen Union, Nr. L 287 vom 5. November 2003, 1–10.

Verordnung (EWG) Nr. 2309/93 des Rates vom 22. Juli 1993 zur Festlegung von Gemeinschaftsverfahren für die Genehmigung und Überwachung von Human- und Tierarzneimitteln und zur Schaffung einer Europäischen Agentur für die Beurteilung von Arzneimitteln. In: Amtsblatt der Europäischen Gemeinschaften, Nr. L 214 vom 24. August 1993, 1–21. Zuletzt geändert durch die Verordnung (EG) Nr. 807/2003 des Rates vom 14. April 2003. In: Amtsblatt der Europäischen Union, Nr. L 122 vom 16. Mai 2003, 36–62.

Vorschlag für eine Entscheidung des Rates über das in Österreich gemäß der Richtlinie 2001/18/EG des Europäischen Parlaments und des Rates verhängte vorläufige Verbot der Verwendung und des Verkaufs von genetisch verändertem Mais (Zea mays L., Linie T25) vom 10. Februar 2009. KOM (2009) 51 endgültig.

Vorschlag für eine Entscheidung des Rates über das in Österreich gemäß der Richtlinie 2001/18/EG des Europäischen Parlaments und des Rates verhängte vorläufige Verbot der Verwendung und des Verkaufs von genetisch verändertem Mais (Zea mays L., Linie MON810) vom 10. Februar 2009. KOM (2009) 56 endgültig.

Vorschlag für eine Entscheidung des Rates über das vorübergehende Verbot der Verwendung und des Verkaufs von genetisch verändertem Mais (Zea mays L., Linie MON810) gemäß der Richtlinie 2001/18/EG des Europäischen Parlaments und des Rates in Österreich vom 9. Oktober 2007. KOM (2007) 586 endgültig.

Vorschlag für eine Entscheidung des Rates über das vorübergehende Verbot der Verwendung und des Verkaufs von genetisch verändertem Mais (Zea mays L., Linie T25) gemäß der Richtlinie 2001/18/EG des Europäischen Parlaments und des Rates in Österreich vom 9. Oktober 2007. KOM (2007) 589 endgültig.

Zitierte Gesetze und Verordnungen

Deutschland

EG- Gentechnik-Durchführungsgesetz: Gesetz zur Durchführung von Verordnungen der Europäischen Gemeinschaft auf dem Gebiet der Gentechnik und zur Änderung der Neuartige Lebensmittel- und Lebensmittelzutaten-Verordnung vom 22. Juni 2004 (Bundesgesetzblatt 2004 I, 1244), zuletzt geändert durch die Bekanntmachung vom 27. Mai 2008 (Bundesgesetzblatt 2008 I, 919).

Gentechnikgesetz: Gesetz zur Regelung der Gentechnik vom 20. Juni 1990 (Bundesgesetzblatt 1990 I, 1080), in der Fassung der Bekanntmachung vom 16. Dezember 1993 (Bundesgesetzblatt 1993 I, 2066), zuletzt geändert durch Artikel 1 des Gesetzes vom 1. April 2008 (Bundesgesetzblatt 2008 I, 499).

Grundgesetz für die Bundesrepublik Deutschland vom 23. Mai 1949 (Bundesgesetzblatt, 1), zuletzt geändert durch Artikel 1 des Gesetzes vom 29. Juli 2009 (Bundesgesetzblatt I, 2248).

Lebensmittel-, Bedarfsgegenstände- und Futtermittelgesetzbuch: Gesetz zur Neuordnung des Lebensmittel- und des Futtermittelrechts (Lebensmittel- und Futtermittelgesetzbuch – LFGB) vom 1. September 2005 (Bundesgesetzblatt 2005 I, 2618), in der Fassung der Bekanntmachung vom 26. April 2006 (Bundesgesetzblatt 2006 I, 945), zuletzt geändert am 26. Februar 2008 (Bundesgesetzblatt 2008 I, 215).

Lebensmittel-Kennzeichnungsverordnung: Verordnung über die Kennzeichnung von Lebensmitteln (LMKV) vom 15. Dezember 1999 (Bundesgesetzblatt I, 2464), zuletzt geändert durch Art. 1 der Verordnung vom 18. Dezember 2007 (Bundesgesetzblatt I, 3011).

Neuartige Lebensmittel- und Lebensmittelzutaten-Verordnung: Verordnung zur Durchführung gemeinschaftsrechtlicher Vorschriften über neuartige Lebensmittel und Lebensmittelzutaten (NLV) vom 14. Februar 2000 (Bundesgesetzblatt I, 123), zuletzt geändert durch die Bekanntmachung vom 27. Mai 2008 (Bundesgesetzblatt I, 919).

Verordnung über Kosten für bestimmte Amtshandlungen von Gesundheitseinrichtungen des Bundes (Gesundheitseinrichtungen-Kostenverordnung – GesundKostV) vom 29. April 1996 (BGBl. I S. 665), die zuletzt durch Artikel 3 § 2 des Gesetzes vom 6. August 2002 (BGBl. I S. 3082) geändert worden ist.

Österreich

Tiroler Gentechnik-Vorsorgegesetz: Gesetz vom 9. März 2005, mit dem Maßnahmen zur Gentechnik -Vorsorge getroffen werden (Landesgesetzblatt Nr. 36/2005).

Verordnung Nr. 180/2008 der Bundesministerin für Gesundheit, Jugend und Familie vom 30. Mai 2008, mit der das Verbot des Inverkehrbringens des gentechnisch veränderten Maises Zea mays L., Linie T25 aufgehoben und das Inverkehrbringen dieser Maislinie zum Zweck des Anbaus in Österreich erneut verboten wird. In: Bundesgesetzblatt für die Republik Österreich, Teil II.

Verordnung Nr. 181/2008 der Bundesministerin für Gesundheit, Familie und Jugend vom 30. Mai 2008, mit der das Verbot des Inverkehrbringens des gentechnisch veränderten Maises Zea mays L., Linie MON 810 aufgehoben und das Inverkehrbringen dieser Maislinie zum Zweck des Anbaus in Österreich erneut verboten wird. In: Bundesgesetzblatt für die Republik Österreich, Teil II.

Rechtsprechung

Bundesgerichtshof (2008): Urteil vom 11. März 2008. VI ZR 7/07. In: Neue Juristische Wochenschrift, 61(28), 2110–2116.

Gerichtshof der Europäischen Gemeinschaften (1979): Urteil des Gerichtshofes vom 20. Februar 1979. – REWE-Zentral AG gegen Bundesmonopol Verwaltung für

Rechtliche Aspekte

Branntwein. – Ersuchen um Vorabentscheidung, vorgelegt vom hessischen Finanzgericht. – Maßnahmen mit gleicher Wirkung wie mengenmäßige Beschränkungen. – Rechtssache 120–78. In: Sammlung der Rechtsprechung des Gerichtshofes der Europäischen Gemeinschaften 1979, 649. URL http://eur-lex.europa.eu/LexUriServ/LexUriServ.do?uri=CELEX:61978J0120:DE:HTML [04. März 2010].

Gerichtshof der Europäischen Gemeinschaften (2005a): Urteil vom 12 Juli 2005. C-154/04 und C-155/04. In: Sammlung der Rechtsprechung des Gerichtshofes der Europäischen Gemeinschaften 2005, I-6451–6526.

Gericht erster Instanz der Europäischen Gemeinschaften (2005b): Urteil vom 5. Oktober 2005. T-366/03 und T-235/04. In: Sammlung der Rechtsprechung des Gerichtshofes der Europäischen Gemeinschaften 2005, II-4005–4034.

Gerichtshof der Europäischen Gemeinschaften (2007): Urteil vom 13. September 2007. C- 439/05 P und C-454/05 P. In: Sammlung der Rechtsprechung des Gerichtshofes der Europäischen Gemeinschaften 2007, I-7141–7208.

Oberlandesgericht Stuttgart (2005): Urteil vom 15. September 2005. 2 U 60/05. In: Zeitschrift für das gesamte Lebensmittelrecht 32(6), 747–763.

Niedersächsisches Oberverwaltungsgericht (2009): Beschluss vom 28.5.2009. 13 ME 76/09.

Weitere Literatur

Behrens, Maria / Meyer-Stumborg, Sylvia / Simonis, Georg (Hg.) (1995): Gentechnik und die Nahrungsmittelindustrie. Opladen: Westdeutscher Verlag.

Bevilacqua, Dario (2006): The EC-Biotech case. Global v. domestic procedural rules in risk regulation: The precautionary principle. In: European Food and Feed Law Review 6, 331–347.

Blatter, Oliver (2003): Europäisches Produktzulassungsverfahren. Baden-Baden: Nomos.

BLL (Bund für Lebensmittelrecht und Lebensmittelkunde) (1994): BLL-Kolloquium. Gentechnik im Lebensmittelbereich 18. und 19. Mai 1994. Bonn: Selbstverlag.

BLL (Bund für Lebensmittelrecht und Lebensmittelkunde) (2008): Jahresbericht 2007/2008. In Sachen Lebensmittel. Bonn: Selbstverlag.

BLL (Bund für Lebensmittelrecht und Lebensmittelkunde) (2009): Jahresbericht 2008/2009. In Sachen Lebensmittel. Bonn: Selbstverlag.

BLL (Bund für Lebensmittelrecht und Lebensmittelkunde) (2010): Jahresbericht 2009/2010. In Sachen Lebensmittel. Bonn: Selbstverlag.

Böckenförde, Markus (2004): Grüne Gentechnik und Welthandel. Berlin: Springer.

Calliess, Christian / Härtel, Ines / Veit, Barbara (Hg.) (2007): Neue Haftungsrisiken in der Landwirtschaft: Gentechnik, Lebensmittel- und Futtermittelrecht, Umweltschadensrecht. Baden-Baden: Nomos.

Cremer, Wolfram (2004): Freihandel versus Gesundheits- und Verbraucherschutz. Zur Vereinbarkeit der EG-Kennzeichnungspflichten für genetisch veränderte Lebens- und Futtermittel mit dem WTO-Recht. In: Zeitschrift für Europarechtliche Studien 7(4), 579–604.

Literaturverzeichnis

Dederer, Hans-Georg (2005): Neues von der Gentechnik. In: Zeitschrift für das gesamte Lebensmittelrecht 32(3), 307–330.

Dederer, Hans-Georg (2010): Weiterentwicklung des Gentechnikrechts GVO-freie Zonen und sozioökonomische Kriterien für die GVO-Zulassung. Eine Untersuchung der Reglungsspielräume und ihrer europa- und welthandelrechtlichen Grenzen.

EFSA (European Food Safety Authority) (2008): Scientific opinion. Request from the European Commission related to the safeguard clause invoked by Austria on maize MON810 and T25 according to Article 23 of Directive 2001/18/EC. Scientific opinion of the panel on genetically modified organisms. In: The EFSA Journal (2008) 891, 1–64.

Girnau, Marcus (2004): Die neuen Regelungen zur Kennzeichnung und Rückverfolgbarkeit von gentechnisch veränderten Lebensmitteln (Verordnungen (EG) Nr. 1829/2003 und 1830/2003). In: Zeitschrift für das gesamte Lebensmittelrecht 31, 343–358.

Groß, Detlef (2001): Die Produktzulassung von Novel Food. Das Inverkehrbringen von neuartigen Lebensmitteln und Lebensmittelzutaten nach der Verordnung (EG) Nr. 258/97 im Spannungsfeld von Europa-, Lebensmittel- und Umweltrecht. Berlin: Duncker & Humblot.

Günther, Klaus (2004): Neue Rechtssituation für gentechnisch veränderte Lebensmittel, Behr's Jahrbuch für die Lebensmittelwirtschaft. Hamburg: Behr's Verlag, 41–56.

Haniel, Anja / Schleissing, Stephan / Anselm, Reiner (Hg.) (1998): Novel Food. Dokumentation eines Bürgerforums zu Gentechnik und Lebensmitteln. München: Herbert Utz.

Härtel, Ines (2007): Agrarrecht im Paradigmenwechsel: Grüne Gentechnik, Lebensmittelsicherheit und Umweltschutz. In Calliess, Christian / Härtel, Ines / Veit, Barbara (Hg.): Neue Haftungsrisiken in der Landwirtschaft: Gentechnik, Lebensmittel- und Futtermittelrecht, Umweltschadensrecht. Baden-Baden: Nomos, 21–46.

Herdegen, Matthias (2009): Europarecht. 11. Aufl. München: C. H. Beck.

Herdegen, Matthias (Hg.) (2009): Internationale Praxis Gentechnikrecht. IP-GenTR. EG-Recht, Länderrecht und internationales Recht. 2 Bde. Heidelberg: C. F. Müller. Loseblattsammlung. Stand Dezember 2008 [zitiert als Herdegen / Herdegen / Dederer 2009].

Hufen, Friedhelm (2008): Zulässige Bezeichnung von Milchprodukten als »Gen-Milch« durch Greenpeace – Anmerkung zu Bundesgerichtshof, Urteil vom 11. März 2008. VI ZR 7/07. In: Juristische Schulung 48(11), 1015–1017.

International Service for the Acquisition of Agri-Biotech applications (ISAAA) (2008): ISAAA Brief 39–2008: Executive Summary. URL http://www.isaaa.org/resources/publications/briefs/39/executivesummary/default.html [04. Mai 2009].

Kahl, Wolfgang (2006): Nationale Schutzergänzung als Gefahr für den Binnenmarkt? (Anmerkung zu EuG Urt. v. 5.10.2005). In: Zeitschrift für Umweltrecht 17(2), 86–88.

Kaufmann, Marcel (2007): Die Haftungsregeln für die Grüne Gentechnik – Aktueller Stand und Perspektiven. In: Calliess, Christian / Härtel, Ines / Veit, Barbara (Hg.): Neue Haftungsrisiken in der Landwirtschaft: Gentechnik, Lebensmittel- und Futtermittelrecht, Umweltschadensrecht. Baden-Baden: Nomos, 99–112.

Rechtliche Aspekte

Krell Zbinden, Karola (2005): The EU policy on genetically modified foods in the international environment. In: Zeitschrift für das gesamte Lebensmittelrecht 32, 563–574.
Krell Zbinden, Karola (2007): Freie Fahrt für den internationalen Handel mit GVO – die WTO hat entschieden. In: Zeitschrift für das gesamte Lebensmittelrecht 34, 125–134.
Krohn, Axel (1998): Die besondere werbemäßige Hervorhebung der »Gentechnikfreiheit« und ihre wettbewerbsrechtlichen Auswirkungen. In: Zeitschrift für das gesamte Lebensmittelrecht 25, 257–273.
Lebensmittelchemische Gesellschaft – Fachgruppe in der GDCh (1994): Gentechnologie. Stand und Perspektiven bei der Gewinnung von Rohstoffen für die Lebensmittelproduktion. Bd. 21 der Schriftenreihe Lebensmittelchemie, Lebensmittelqualität. Hamburg: Behr's.
Lege Joachim (Hg.) (2001): Gentechnik im nicht-menschlichen Bereich – was kann und was sollte das Recht regeln? Berlin: Berlin Verlag.
Lell, Ottmar (2004): Die neue Kennzeichnungspflicht für genetisch hergestellte Lebensmittel – ein Verstoß gegen das Welthandelsrecht? In: Europäische Zeitschrift für Wirtschaftsrecht 15(4),108–114.
Lohner, Michael / Sinemus, Kristina / Gassen, Hans Günter (Hg.) (1997): Transgene Tiere in Landwirtschaft und Medizin. Villingen-Schwenningen: Neckar-Verlag.
Lohninger, Albin C. (2007): Interdisziplinäre, völker- und europarechtliche Grundlagen der Gen- und Biotechnologie. Baden-Baden: Nomos.
Loosen, Katja (2006): Das Biosafety-Protokoll von Cartagena zwischen Umweltvölkerrecht und Welthandelsrecht. Berlin: Logos.
Meier, Alexander (2000): Risikosteuerung im Lebensmittel- und Gentechnikrecht. Köln: Heymanns.
Mettke, Thomas (2005): Anmerkung, Umweltpolitik vor dem Kühlregal: Oberlandesgericht Stuttgart.»Greenpeace-Aktion«. Urteil vom 15.9.2005. 2 U 60/05/. In: Zeitschrift für das gesamte Lebensmittelrecht 32(6), 757–763.
Meyer, Alfred H. (2002): Gen Food, Novel Food. Recht neuartiger Lebensmittel. München: C. H. Beck.
Meyer, Alfred H. (2010): Lebensmittelrecht Textsammlung. München: C. H. Beck. Loseblattsammlung. Stand 1. Juli 2010.
Meyer, Alfred H. / Streinz, Rudolf (Hg.) (2007): LFGB – BasisVO. Lebensmittel- und Futtermittelgesetzbuch. Verordnung (EG) Nr. 178/2002. Kommentar. München: C. H. Beck [zitiert als Meyer / Streinz / Bearbeiter 2007].
Nieslony, Sabine (Hg.) (2009): Ausländisches Lebensmittelrecht, Codex Alimentarius. 5 Bde. Hamburg: Behr's Verlag. Loseblattsammlung. Stand Mai 2009.
Oberösterreichische Landesregierung (2002): Landtagsbeilage 1564/2002 zum kurzschriftlichen Bericht des oberösterreichischen Landtags, XXV. Gesetzgebungsperiode. URL http://www1.land-oberoesterreich.gv.at/ltgbeilagen//blgtexte/20021564.htm [18. Mai 2009].
Ohler, Christoph (2005): Anmerkung zu Gericht erster Instanz der Europäischen Gemeinschaften: Urteil vom 5. Oktober 2005. T-366/03 und T-235/04 »Gentechnikfreie Zone«. In: Zeitschrift für das gesamte Lebensmittelrecht 32(6), 732–737.
Palme, Christoph (2005): Das Urteil des Europäischen Gerichts zum oberösterreichischen Gentechnikverbotsgesetz. In: Zeitschrift für Stoffrecht 2(5), 222–225.

Literaturverzeichnis

Schlösser, Caroline-Ann (2009): Grüne Gentechnik, Koexistenz und Haftung. Nationales und gemeinschaftsrechtliches Haftungsregime. Baden-Baden: Nomos.

Spök, Armin (Hg.) (1998): Gentechnik in Landwirtschaft und Lebensmitteln. Graz: Leykam.

Streinz, Rudolf (2006): Anmerkung zu Gericht erster Instanz der Europäischen Gemeinschaften, Urteil vom 5. Oktober 2005. T-366/03 und T-235/04, »Gentechnikfreie Zone«. In: Juristische Schulung 46, 828–833.

Streinz, Rudolf (2008): Europarecht. 8. Aufl. Heidelberg: C. F. Müller.

Streinz, Rudolf (Hg.) (1995): »Novel Food«. Rechtliche und wirtschaftliche Aspekte der Anwendung neuer biotechnologischer Verfahren bei der Lebensmittelherstellung. 2. Aufl. Bayreuth: P. C. O.

Streinz, Rudolf (Hg.) (1999): Neuartige Lebensmittel. Problemaufriß und Lösungsansätze. Bayreuth: P. C. O.

Streinz, Rudolf / Kalbheim, Jan (2006): The legal situation for genetically engineered food in Europe. In: Heller, Knut J. (Hg.): Genetically engineered food. Methods and detection. 2. Aufl. Weinheim: Wiley-VCH.

Streinz, Rudolf / Leible, Stefan (1992): Novel Foods. Zum Entwurf der EG-Kommission für eine Verordnung des Rates über neuartige Lebensmittel und neuartige Lebensmittelzutaten. In: European Food Law Review 3, 99–126.

Thiele, Dominik (2004): Die neue europäische Kennzeichnungspflicht für genetisch veränderte Lebensmittel auf dem Prüfstand des Welthandelsrechts. In: Europarecht 39(5), 794–809.

Wegener, Bernhard W. (2007): Das neue deutsche Gentechnikrecht in der Landwirtschaft – Zur Umsetzung der europarechtlichen Vorgaben in Deutschland. In: Calliess, Christian / Härtel, Ines / Veit, Barbara (Hg.): (2007): Neue Haftungsrisiken in der Landwirtschaft: Gentechnik, Lebensmittel- und Futtermittelrecht, Umweltschadensrecht. Baden-Baden: Nomos, 79–97.

Weißbuch der Kommission an den Europäischen Rat (Mailand, 28–29. Juni 1985): Vollendung des Binnenmarktes. KOM(85) 310, Juni 1985.

Wiemers, Matthias / Sonder, Nicolas (2010): Das Nulltoleranz-Prinzip bei gentechnisch veränderten Organismen in der Europäischen Union. In: Zeitschrift für das gesamte Lebensmittelrecht 37 (5) 567–588.

Zipfel, Walter / Rathke, Kurt-Dietrich (Hg.) (2010): Lebensmittelrecht Kommentar. München: C. H. Beck. Loseblattsammlung. Stand Juli 2010 [zitiert als Zipfel / Rathke / Rathke 2009].

III. Ethische Aspekte der Gentechnik in der Lebensmittelproduktion

Lisa Tambornino

Einleitung

Der Einsatz der Gentechnik in der Lebensmittelproduktion wird aus ethischer Perspektive kontrovers diskutiert. Obschon die Debatte auf unterschiedlichen Diskussionsebenen ausgetragen wird, kann grundsätzlich zwischen Befürwortern und Gegnern der Anwendung der Gentechnik in der Lebensmittelproduktion unterschieden werden. Ein Teil des Streits resultiert dabei aus einer unterschiedlichen Beurteilung möglicher Folgen des Gentechnikeinsatzes, welche in mehreren Bereichen zu verorten sind; zu nennen sind insbesondere die Bereiche Gesundheit und Ernährung, Umwelt und Natur sowie Wirtschaft und Gesellschaft. So argumentieren Befürworter gentechnisch veränderter Lebensmittel beispielsweise, dass durch den Einsatz von Gentechnik der Nähr- oder Gesundheitswert von Lebensmitteln verbessert werden könne und zudem eine umweltschonendere, energiesparendere, effizientere und damit kostengünstigere Produktion möglich sei. Gentechnikkritiker halten dem entgegen, dass der Einsatz der Gentechnik in der Lebensmittelproduktion möglicherweise mit Risiken verbunden sei, die gravierende Konsequenzen für die Gesundheit des Menschen und auch für das Ökosystem haben könnten. Wirtschaftlich gesehen werden Monopolisierungstendenzen zu Lasten kleiner landwirtschaftlicher Betriebe befürchtet, was wiederum weitere unabsehbare Folgen nach sich ziehen könnte.

Diskutiert werden in ethischer Perspektive vor allem die folgenden Fragen: Sind die Ziele, die mit dem Einsatz der Gentechnik in der Lebensmittelproduktion verfolgt werden, legitim? Nach welchen Kriterien können diese Ziele bewertet werden? Können die angestrebten Ziele mit dem Mittel Gentechnik überhaupt erreicht werden? Welche Chancen und Risiken sind mit dem Einsatz der Gentechnik in der Lebensmittelproduktion verbunden? Sind alle möglichen Risiken kontrollierbar oder gibt es möglicherweise unabsehbare Nebenfolgen? Unter welchen Bedingungen sind Risiken gesellschaftlich zumutbar? Wie könnte eine gerechte Verteilung von

Ethische Aspekte der Gentechnik in der Lebensmittelproduktion

Chancen und Risiken aussehen? Inwiefern wird mit dem Einsatz der Gentechnik in der Lebensmittelproduktion in die Natur eingegriffen und wie ist dieser Eingriff zu bewerten?

Diese Fragen lassen drei unterschiedliche Diskussionsebenen erkennen, auf denen die aktuelle ethische Debatte um gentechnisch veränderte Lebensmittel geführt wird:
Auf einer ersten Ebene findet eine Ziel-Mittel-Analyse statt. Diskutiert wird auf dieser Ebene, ob die mit der Gentechnik anvisierten Ziele legitim sind, ob das Mittel Gentechnik vertretbar ist und ob der Einsatz von Gentechnik überhaupt ein geeignetes Mittel ist, um die angestrebten Ziele zu verwirklichen. Auf einer zweiten Diskussionsebene findet eine Risikoanalyse, bzw. Risiko-Nutzen-Prüfung statt. Uneinigkeit herrscht hier insbesondere darüber, wie der Begriff des Risikos zu fassen ist (Risikoabschätzung) – hier stehen sich Vertreter eines additiven und eines synergistischen Risikokonzeptes gegenüber – und wie Risiken, insbesondere im Verhältnis zu möglichem Nutzen zu bewerten sind (Risikobewertung). Auf einer dritten Diskussionsebene wird schließlich explizit über den gentechnischen Eingriff in die Natur debattiert. Hier stehen sich Vertreter unterschiedlicher umweltethischer Positionen gegenüber, die das Verhältnis von Natur und Kultur differenziert begreifen, den Schutz der Natur unterschiedlich begründen und den gentechnischen Eingriff in die Natur divergent bewerten. So setzen die Anhänger des Anthropozentrismus den Menschen und seine Bedürfnisse in den Mittelpunkt der ethischen Bewertung. Vertreter physiozentrischer Positionen hingegen gehen davon aus, dass die Natur einen Eigenwert hat und demzufolge um ihrer selbst willen geschützt werden muss.

Die Debatte um gentechnisch veränderte Lebensmittel ist sehr komplex, was zum einen damit zusammenhängt, dass es sich um eine Thematik handelt, die Fragen in den unterschiedlichsten Bereichen (Ökologie, Ökonomie, Gesundheit und Ernährung etc.) aufwirft und zum anderen damit, dass es um die Bewertung einer neuen Technik geht, für deren Einsatz nur geringes Erfahrungswissen herangezogen werden kann.

1. Gentechnisch veränderte Lebensmittel als Gegenstand der ethischen Analyse

In der Diskussion über den Einsatz der Gentechnik in der Lebensmittelproduktion werden häufig Termini wie »Biotechnik«, »Gentechnik«, »gentechnisch veränderter Organismus«, »gentechnisch verändertes Lebensmittel« und »konventionelle Züchtung« verwendet, daher sollen diese Begriffe im Folgenden kurz erläutert werden. Im Anschluss werden verschiedene empirische Studien dargestellt, die zeigen, dass die Gentechnik in der Lebensmittelproduktion zurzeit in der Gesellschaft auf wenig Akzeptanz stößt; aus ethischer Perspektive gilt es zu klären, welche Bewertungskriterien dieser Ablehnung zugrunde liegen bzw. liegen könnten. Zur Diskussion steht außerdem generell, welche Rolle der Ethik im Zusammenhang mit gentechnisch veränderten Lebensmitteln zukommen kann bzw. zukommen muss und wie das Verhältnis von Technikfolgenabschätzung und Ethik zu verstehen ist.

1.1 Biotechnik, Gentechnik und klassische Züchtung

Die *Gentechnik* ist ein Teilgebiet der *Biotechnik*.[1] Diese wird definiert als die Anwendung wissenschaftlicher und technischer Prinzipien zur Stoffumwandlung durch biologische Agenzien mit dem Ziel der Bereitstellung von Gütern und Dienstleistungen.[2] Viele biotechnologische Verfahren werden schon seit Jahrhunderten zur Lebensmittelherstellung eingesetzt, beispielsweise bei der Produktion alkoholischer Getränke durch Hefe oder von Käse und Joghurt durch Milchsäurebakterien; die meisten Verfahren der Gentechnik sind allerdings erst in der zweiten Hälfte des vergangenen Jahrhunderts entwickelt worden. *Gentechnik* beschreibt die Summe aller Methoden, die sich mit der Isolierung, Charakterisierung, Vermehrung und Neukombination von Genen – auch über Artgrenzen hinweg – beschäftigen.[3] Als *gentechnisch verändert* wird ein Organismus bezeichnet, dessen genetisches Material in einer Weise verändert worden ist, wie es unter natürlichen Bedingungen durch Kreuzen oder natürliche Rekombination nicht vorkommt.[4] Die Anwendungsgebiete der Gentechnik lassen sich in unterschiedliche Teilbereiche aufgliedern, für die häufig Farbbezeichnungen verwendet werden. Die *Grüne Gentechnik* bezeichnet die Anwendung gentechnischer Verfahren in der Landwirtschaft. Die *Rote Gentechnik* be-

---

[1] Häufig werden die Begriffe »Biotechnik« und »Gentechnik« synonym gebraucht, obwohl dies eine nicht zulässige Vereinfachung ist; vgl. hierzu auch Abschnitt I.1. (Einleitung).
[2] Definition der Organisation for Economic Cooperation and Development (OECD). Online verfügbar unter URL http://www.oecd.org/document/42/0,3343,en_2649_34537_1933994_1_1_1_37437,00.html [02. März 2011]. Als »biologische Agenzien« werden z.B. Mikroorganismen, Enzyme und Zellkulturen bezeichnet.
[3] Mohr 2001: 13.
[4] Freisetzungs-Richtlinie (2001/18/EG): Artikel 2.

schreibt die Anwendung der Gentechnik in der Medizin zur Entwicklung von diagnostischen und therapeutischen Verfahren und von Arzneimitteln. Die *Weiße Gentechnik* (gelegentlich auch *Graue Gentechnik* genannt) umfasst den Bereich der Umwelttechnologie und Ökologie; sie dient der Veränderung des Erbguts von Mikroorganismen, insbesondere von Bakterien und Hefen, die dann oft großtechnisch genutzt werden, um Eiweiße oder bestimmte Stoffwechselprodukte herzustellen.[5] Unter dem Begriff *Blaue Gentechnik* schließlich subsumiert man Anwendungen im Bereich der Meeresbiologie. Die Erzeugung gentechnisch veränderter Lebensmittel, um die es im vorliegenden Beitrag geht, wird in der Regel der Grünen und der Weißen Gentechnik zugeordnet.

Grundsätzlich ist ein gentechnisch verändertes Lebensmittel ein Lebensmittel, das aus gentechnisch veränderten Pflanzen, Tieren oder Mikroorganismen besteht, diese enthält oder daraus hergestellt ist.[6] Es kann sich also *erstens* um Lebensmittel auf Basis gentechnisch veränderter Pflanzen, *zweitens* um Lebensmittel auf Basis gentechnisch veränderter Tiere, sowie *drittens* um Lebensmittel handeln, bei deren Verarbeitung gentechnisch veränderte Mikroorganismen verwendet wurden. Für den Konsumenten ist es teilweise schwierig nachzuvollziehen, welche Produkte mithilfe von Gentechnik hergestellt wurden. Eine passende Definition dessen, was dem Gentechnikeinsatz bei Lebensmitteln zuzuordnen ist, ist aber vor allem dann erforderlich, wenn gentechnisch veränderte Lebensmittel gekennzeichnet werden sollen.[7] Problematisch ist beispielsweise die Beantwortung der Frage, ob Lebensmittel, die von Tieren stammen (Fleisch, Milch, Eier etc.), welche mit gentechnisch veränderten Pflanzen gefüttert wurden, speziell gekennzeichnet werden sollten.[8] Diskutiert wird zudem der Umgang mit Produkten, die mithilfe von gentechnisch veränderten Bakterien

---

[5] Mikroorganismen werden schon sehr lange in der Lebensmittelproduktion eingesetzt. Das bekannteste Beispiel für die Anwendung der *Weißen Gentechnik* im Lebensmittelsektor ist die Herstellung des zur Käseproduktion eingesetzten Labferments, welches ursprünglich aus Kälbermägen gewonnen wurde und mithilfe gentechnisch veränderter Mikroorganismen künstlich hergestellt werden kann.
[6] Siehe hierzu auch Abschnitt I.2.2 (Die Differenzierung nach Eintrittspfaden in die Lebensmittelproduktion).
[7] Vgl. hierzu auch Abschnitt III.3.2.2 (Informierte Einwilligung und Kennzeichnungspflicht).
[8] Zurzeit besteht für diese Lebensmittel keine Kennzeichnungspflicht. Siehe dazu Abschnitt II.4.2.2 (Kennzeichnung gentechnisch veränderter Lebensmittel und Futtermittel). Seit dem 01. Mai 2008 haben Hersteller tierischer Produkte in Deutschland jedoch die Möglichkeit, ihre Produkte mit der Aufschrift »ohne Gentechnik« zu kennzeichnen, wenn sie auf gentechnisch veränderte Pflanzen in der Tierfütterung verzichten.

oder Hefen hergestellt wurden (Geschmacksverstärker, Vitamine). Weit verbreitet ist der Einsatz gentechnisch veränderter Mikroorganismen bei der Herstellung von Enzymen, welche zu verschiedenen Zwecken nicht nur bei Waschmitteln oder in der Textil- und Papierindustrie verwendet werden, sondern auch in der Lebensmittelverarbeitung, etwa bei der Herstellung von Käse, Brot und Backwaren, Saft und Wein, Fertig- oder Tiefkühlprodukten.

Mit Blick auf die Grüne Gentechnik wird vor allem darüber diskutiert, worin der Unterschied bzw. die Erweiterung des gentechnischen Eingriffs gegenüber klassischen Züchtungsmethoden besteht. Die gentechnische Veränderung von Pflanzen ist seit Ende des 20. Jahrhunderts möglich, die Geschichte der Pflanzenzüchtung in toto geht bis auf die frühen Kulturen der Menschheit zurück.[9] Schon vor 10.000 Jahren hat der Mensch begonnen, aus Wildformen Kulturpflanzen auszulesen. Auch die klassische Kreuzzüchtung unter Anwendung der Mendelschen Vererbungsregeln wird bereits seit über 100 Jahren betrieben. Die älteste Form der Züchtung ist die *Auslesezüchtung* (auch *Selektionszüchtung* genannt), bei der es um die Vermehrung ausgewählter Pflanzen geht, in denen züchterisch erwünschte Eigenschaften überwiegen (so werden beispielsweise kernlose Apfelsinen bevorzugt angebaut). Eine andere Methode ist die *Kombinationszüchtung*, bei der Pflanzen miteinander gekreuzt werden, d.h. die Erbinformationen beider »Elternteile« werden zu einer neuen Sorte kombiniert. Das optimale Ergebnis einer solchen Züchtung ist eine Pflanze, die die positiven Eigenschaften beider »Elternpflanzen« vereint, während weniger positive Eigenschaften sich nicht, oder zumindest weniger stark, ausprägen. Im Laufe der Jahre wurden immer wieder neue Züchtungsmethoden entwickelt. Zu den klassischen Züchtungsmethoden zählen neben der *Auslesezüchtung* und der *Kombinationszüchtung* die *Heterosiszüchtung*, die *Hybridzüchtung* sowie die *Mutationszüchtung*.[10]

Nachdem bereits in anderen Gebieten gentechnische Verfahren erfolgreich eingesetzt wurden – 1981 gelang erstmalig die gentechnische Veränderung eines Tieres, 1982 wurde in den USA das erste mithilfe gentechnisch veränderter Bakterien hergestellte Medikament zugelassen –, hoffte man

---

[9] Für eine Einführung in die naturwissenschaftlichen und historischen Grundlagen der Züchtung siehe z.B. Busch et al. 2002: 19–28; Haring 2003; Heine / Heyer / Pickardt 2002: 3–10.
[10] Siehe dazu auch Teil I. (Naturwissenschaftliche Aspekte) des vorliegenden Sachstandsberichts.

schließlich auch im Bereich der Pflanzenzüchtung von dem neuen Wissen profitieren zu können. 1983 gelang Mary-Dell Chilton (USA), Jeff Schell (Belgien) und Marc Montagu (Belgien) schließlich als Ersten die gentechnische Veränderung einer Pflanze. Nachdem in den darauf folgenden Jahren in den USA erste Freilandversuche mit gentechnisch veränderten Pflanzen durchgeführt wurden, verkündeten 1994 die USA sowie Großbritannien die Zulassung des ersten gentechnisch veränderten Lebensmittels: eine Tomate, die länger haltbar sein sollte als herkömmliche Tomaten, die sogenannte *Anti-Matsch* oder auch *Flavr-Savr-Tomate*. Gegner der Gentechnik haben an der Flavr-Savr-Tomate vor allem ein Gen kritisiert, das für eine Antibiotikaresistenz kodiert. Die gentechnisch veränderte Tomate hat die Erwartungen der Hersteller nicht erfüllt und besitzt heute praktisch keine Bedeutung mehr. Ihr Anbau wurde in den USA wieder eingestellt.

Aber worin besteht das Neuartige der Gentechnik gegenüber der klassischen Züchtung? Während die klassische Züchtung in der Regel mit Organismen der gleichen Art und nahen Verwandten arbeitet, können mithilfe der Gentechnik zusätzlich die Erbanlagen artfremder Organismen genutzt werden, wodurch eine Kreuzung über Artgrenzen hinweg möglich ist. Die Gentechnik versetzt den Menschen also in die Lage, den Bauplan von Lebewesen und Organismen zu verändern, ohne dass er sich dabei an Artgrenzen halten muss.[11] Weiterhin von Bedeutung beim Vergleich von konventioneller Züchtung und Gentechnik ist ein zeitlicher Aspekt. Während es auf dem Wege der klassischen Züchtung Jahre dauern kann, bis eine neue Sorte kultiviert ist, ist mit der Gentechnik eine Reduktion des Zeitaufwands möglich, d.h. die Zeit zwischen züchterischem Eingriff und Züchtungserfolg in Form eines neuen Organismus kann im Prinzip verkürzt werden.[12] Die Gentechnik bietet somit einen nicht unerheblichen Zeitgewinn bei der Herstellung neuer Sorten. »Jahrhundertelang betriebene Zufallsarbeit wird damit – soweit möglich – durch ein gezieltes und geplantes Eingreifen ersetzt.«[13] Gentechnikbefürworter gehen zudem oft davon aus, dass die gentechnikbasierte Herstellung kostengünstiger und ressourcenschonender sei als die konventionelle Züchtung, da weniger Rohstoffe, Energie und Wasser benötigt würden und weniger Abfälle entstünden.[14]

---

[11] Siep 1996: 315.
[12] Irrgang et al. 2000: 76.
[13] Lanzerath 2001: 140.
[14] Kues / Schiemann 2002: 79–84.

Gentechnisch veränderte Lebensmittel als Gegenstand der ethischen Analyse

Der Vergleich der Herstellung von Lebensmitteln durch Gentechnik und durch konventionelle Züchtungsmethoden soll an dieser Stelle nicht vertieft werden, sondern in die Darstellungen auf den drei Diskussionsebenen – Ziel-Mittel-Analyse, Risikoanalyse, Bewertung des gentechnischen Eingriffs in die Natur – einfließen. Festzuhalten bleibt aber schon jetzt, dass mit der Gentechnik zwar zunächst der Gedanke der klassischen Züchtung fortgesetzt wird, dass Unterschiede beider Verfahren aber nicht zu verkennen sind.

1.2 Die gesellschaftliche Akzeptanz gentechnisch veränderter Lebensmittel

Bereits gegen Ende der 1970er Jahre wurde die Gentechnik in Schweden erstmalig in einem breiteren Rahmen diskutiert. Eine erhebliche Ausweitung erlebte die Kontroverse in den 1980er Jahren, was nicht zuletzt an Veränderungen der Gentechnik selbst lag, welche in den 1970er Jahren als eine Methode der Laborforschung begann und erst später zu einer angewandten Technologie wurde.[15] Mitte der 1990er Jahre wurden in Europa die ersten gentechnisch veränderten Nahrungsmittel angeboten. Im November 1996 erreichten die ersten Schiffe mit gentechnisch veränderten Sojabohnen europäische Häfen. Im Februar 1997 wurde verkündet, dass es erstmals gelungen sei, ein Säugetier zu klonen – das Klonschaf Dolly. In Folge dieser Ereignisse wurden zunehmend kritische Stimmen gegenüber der Gentechnik laut. In den darauf folgenden Jahren konnte schließlich auch ein exponentieller Anstieg der Intensität der Presseberichterstattung über Gentechnik verzeichnet werden, was wiederum Einfluss auf die Meinungsbildung der Bevölkerung hatte.

Aktuell kann eine überwiegend kritische Einstellung in der Bevölkerung gegenüber der Anwendung der Gentechnik in der Lebensmittelproduktion beobachtet werden.[16] Vor allem die Grüne Gentechnik findet zurzeit in der Bevölkerung wenig Akzeptanz. Etwa zwei Drittel der Deutschen sprechen sich für die Anwendung der Gentechnik im Bereich der Medizin, aber gegen deren Gebrauch bei der Herstellung von Lebensmitteln aus. Gründet die überwiegend positive Wahrnehmung Ersterer auf Hoffnungen hinsichtlich der wirksamen Therapie lebensbedrohlicher Er-

---

[15] Apel 1997: 20; Hampel 2008: 59.
[16] Siehe u.a. die folgenden empirischen Studien: Herrmann et al. 2008; GfK Marktforschung 2007; Dannenberg / Scatasta / Sturm 2008; Hampel 2008. Vgl. auch Hartl 2008; Lanzerath 2001: 138; Gloede et al. 1993: 2; Biernoth / Steinhart 1998; Bender et al. 1996: 10.

krankungen, so ruft Letztere weit überwiegend negative Reaktionen hervor.[17] Eine Umfrage aus dem Jahr 2002 zeigte, dass nur 12 % der Europäer der Anwendung der Gentechnik in der Lebensmittelproduktion voll und ganz zustimmen.[18] Eine Studie aus dem Jahr 2007 führte zu dem Ergebnis, dass 74,9 % der deutschen Konsumenten die Entwicklung und Einführung von gentechnisch veränderten Lebensmitteln generell ablehnen.[19]

Es gibt unterschiedliche Theorien darüber, warum die Gentechnik in der Lebensmittelproduktion abgelehnt wird. Oft wird behauptet, dass diese kritische Einstellung eher ein allgemeines Misstrauen gegenüber Wirtschaft und Gesellschaft widerspiegele als die Sorge vor konkreten Risiken.[20] Die Anwendung der Gentechnik werde abgelehnt, weil sie als nicht dringlich angesehen bzw. weil ihr Nutzen für viele Bürger nicht hinreichend deutlich werde.[21] Laut Michael Zwick fußt die Ablehnung der Grünen Gentechnik vor allem auf zwei Säulen: »Fehlende Nutzenwahrnehmung und mangelndes Vertrauen zwischen Produzenten, Regulatoren und der Öffentlichkeit.«[22] Weiterhin führt er aus: »Wenn es nicht gelingen sollte, mit gentechnischen Produkten persönliche Nutzenerwartungen zu verknüpfen – bei pharmazeutischen Produkten ist dies offensichtlich gelungen –, dann bedarf es wenig Phantasie, der Grünen Gentechnik auch in Zukunft geringe Akzeptanzchancen zu attestieren.«[23]

Andere hingegen betonen, dass gentechnisch veränderte Lebensmittel nicht nur als nutzlos, sondern auch als riskant eingestuft würden.[24] So stellte Jürgen Hampel fest, dass über die Hälfte der Europäer davon überzeugt sei, dass gentechnisch veränderte Lebensmittel für die Gesellschaft riskant wären.[25] Dabei würden neben gesundheitlichen Risiken vor allem auch als bedrohlich wahrgenommene Langzeiteffekte befürchtet. In einer Studie kam Hampel außerdem zu dem Ergebnis, dass die Grüne Gentechnik von vielen Europäern als etwas gesehen wird, das mit ihrer Vorstellung von Natur nur schwer vereinbar ist; mehr als zwei Drittel der Europäer seien der Auffassung, dass gentechnisch veränderte Nahrungsmittel die

---

[17] Deutsche Forschungsgemeinschaft 2001: 7.
[18] Hampel 2008: 66.
[19] GfK Marktforschung 2007.
[20] Hampel 2008; Deutsche Forschungsgemeinschaft 2001: 7.
[21] Renn 2005: 53.
[22] Zwick 2008: 286.
[23] Zwick 2008: 286.
[24] Hampel 2008: 72.
[25] Hampel 2008: 72.

natürliche Ordnung gefährden.[26] In Deutschland, so die Ergebnisse, wird diese Meinung zwar seltener vertreten als im europäischen Durchschnitt, »aber es ist auch hier bei Weitem die dominante Einschätzung«[27]. Hampel weist darauf hin, dass die Ablehnung der Grünen Gentechnik nicht einfach auf eine generelle Ablehnung der Gentechnik oder gar eine generelle Ablehnung neuer Technologien zurückgeführt werden könne, denn eine europäische oder deutsche Technik- oder Gentechnikfeindlichkeit sei keineswegs zu verzeichnen.

1.3 Die Rolle der Ethik

Unter Ethik versteht man allgemein die Disziplin, in der Normen und Kriterien zur Beurteilung des guten und richtigen Handelns entwickelt und begründet werden: »Die Ethik ist die Theorie des richtigen Handelns. Sie entwickelt Kriterien, systematisiert unsere normativen Überzeugungen und gibt Handlungsorientierung in Entscheidungssituationen, in denen wir uns auf unsere alltäglichen moralischen Intuitionen nicht verlassen können.«[28] Der Ethik kommt allgemein eine klärende, kritische Funktion in Bezug auf herrschende Moralvorstellungen zu. Ihre Aufgabe ist es, zu prüfen, inwiefern sich gesellschaftlich vermittelte normative Überzeugungen im Licht oberster Prinzipien rechtfertigen lassen. Während es die Aufgabe naturwissenschaftlicher Disziplinen ist, mögliche Folgen und deren Eintrittswahrscheinlichkeiten zu ermitteln, kommt der Ethik die Rolle zu, diese Ergebnisse moralisch zu bewerten.

Generell wird die Anwendung der Gentechnik in der Lebensmittelproduktion als ein Fall der angewandten Ethik diskutiert, innerhalb derer sich verschiedene *Bereichsethiken* herausgebildet haben, die sich jeweils mit der Bewertung unterschiedlicher Themen befassen. So wird beispielsweise zwischen der Technikethik, der Naturethik, der Umweltethik, der Genethik usw. unterschieden. Die ethische Bewertung gentechnisch veränderter Lebensmittel kann jedoch nicht eindeutig einem dieser Bereiche zugeordnet werden, sondern tangiert gleich mehrere, was damit zusammenhängen könnte, dass die Bereichsethiken nach keinem einheitlichen Prinzip aufgeteilt werden, sondern durch jeweils unterschiedliche Entstehungskontex-

---

[26] Hampel 2008: 71.
[27] Hampel 2008: 71.
[28] Nida-Rümelin 1996c: Vorwort.

te bedingt sind.²⁹ Die ethische Analyse gentechnisch veränderter Lebensmittel wird prinzipiell als ein Fall der Bioethik behandelt. Der Begriff »Bioethik« wird häufig als Oberbegriff für die Bereiche Tier-, Medizin- und Umweltethik gefasst.³⁰ Unter Bioethik wird die »kritische Auseinandersetzung mit den moralischen Dimensionen in den von den Biowissenschaften betroffenen Handlungskontexten Biomedizin, Biotechnologie und Ökologie«³¹ verstanden. Die Bewertung neuartiger Möglichkeiten der Gentechnik fällt eindeutig in den Aufgabenbereich der Bioethik. Darüber hinaus wird das Thema Gentechnik auch in der Naturethik, der Genethik, der Technikethik und weiteren Bereichsethiken behandelt.³² Die Technikethik umfasst die »ethische Reflexion auf die Bedingungen, Zwecke und Folgen der Entwicklung, Herstellung, Nutzung und Entsorgung von Technik.«³³

Diskutiert wird in diesem Zusammenhang über das Verhältnis der sogenannten Technikfolgenabschätzung (TA) und der Ethik.³⁴ Uneinigkeit besteht darüber, welche Rolle der TA bei ethischen Analysen zukommen kann. Ziel der TA ist es, die gesellschaftlichen Auswirkungen neuer Technologien auf soziale, politische, wirtschaftliche und ökologische Systeme und Abläufe möglichst umfassend zu untersuchen.³⁵ TA ist als politikberatende Institution gedacht, die sich verpflichtet, Wissen zu liefern, das verantwortliche Technikgestaltung ermöglichen soll. Barbara Skorupinski und Konrad Ott gehen davon aus, dass die TA unweigerlich mit ethischen Fragen verknüpft ist. Um überhaupt sinnvolle Aussagen darüber machen zu können, wieweit Vorsorge gehen kann, ab welchem Punkt man eine Auswirkung als schädlich bewerten soll oder aber was Wohlfahrt für eine Gesellschaft meinen kann, benötigt man Bewertungskriterien, wie sie in der Ethik entwickelt und kritisch reflektiert werden.³⁶ Die TA ist nicht von ethischen Fragen ablösbar, da konzeptionelle Probleme von TA immer mit normativen Fragen verknüpft sind.³⁷ Auf der anderen Seite können ethische Fragen auch jenseits von TA gestellt und untersucht werden. Zwar

---

[29] Düwell 2006: 246.
[30] Düwell 2006: 247.
[31] Rehmann-Sutter 2006: 274.
[32] Einen guten Überblick über die einzelnen Bereichsethiken bietet das Handbuch Ethik (Düwell / Hübenthal / Werner 2006).
[33] Grunwald 2006: 284.
[34] Skorupinski / Ott 2000; Grunwald 2002; Speer 1999.
[35] Skorupinski / Ott 2002: 1.
[36] Skorupinski / Ott 2002: 6.
[37] Skorupinski / Ott 2002: 7.

nehmen Risikoabschätzung und Risikobewertung einen Großteil der ethischen Debatte über gentechnisch veränderte Lebensmittel ein, es würde aber eine unzulässige Verkürzung darstellen, ethische Fragen ausschließlich aus der TA-Perspektive zu behandeln.[38] Ethische Reflexion verlangt weit mehr als nur TA. So ist es Aufgabe der Ethik, den Einsatz der Gentechnik in der Lebensmittelproduktion auch unabhängig von Risiken und Nutzen zu bewerten, indem sie Fragen reflektiert, Bewertungskriterien festlegt und kulturelle Werte und Normen aufdeckt. Dieser Verhältnisbestimmung von TA und Ethik entsprechend, wird in diesem Beitrag nicht nur die ethische Diskussion über die Ziel-Mittel- und die Risikoanalyse dargestellt, sondern auch die ethische Kontroverse darüber, wie der gentechnische Eingriff in die Natur zu bewerten ist, welche Bewertungsmaßstäbe unterschiedlichen naturethischen Ansätzen zugrunde liegen und welche anthropologische Bedeutung gentechnische Eingriffe im Bereich der Lebensmittelproduktion haben.

2. Ziel-Mittel-Analyse

Die moralische Bewertung des Einsatzes der Gentechnik in der Lebensmittelproduktion kann in Form einer Ziel-Mittel-Analyse vorgenommen werden. Bei diesem, in ethischen Untersuchungen sehr häufig verwendeten Verfahren, werden zunächst die Ziele, die mit der zu bewertenden Handlung bzw. Technik erstrebt werden, benannt und Stellung zu deren Legitimität bezogen. In einem zweiten Schritt werden Kriterien aufgestellt, auf Grundlage derer eine Bewertung der Ziele erfolgen soll. Schließlich wird in einem dritten Schritt analysiert, ob das eingesetzte Mittel auch wirklich adäquat zum angestrebten Ziel führt und darüber hinaus, ob die zu bewertende Handlung bzw. Technik möglicherweise mit negativen Folgen verbunden ist, die die Legitimität der Ziele wiederum infrage stellen könnten. Skorupinski formuliert in diesem Sinne zwei Fragen, die ihrer Meinung nach im Mittelpunkt einer ethischen Analyse stehen müssten:»Sind die Ziele mit der angegebenen Methodik zu erreichen? Das ist die Frage nach der Realistik der Ziele. Sind die Ziele angesichts möglicher Folgen zu vertreten (das ist die Frage nach der Ziel-Mittel-Relation), bzw. sind aufgrund eben dieser Ziel-Mittel-Relation andere Problemlösungen zu bevorzugen?«[39]

---

[38] Gelegentlich wird sogar die Meinung vertreten, die Technikfolgenabschätzung falle nicht in den Bereich der Ethik.
[39] Skorupinski 1999: 109; vgl. Lanzerath 2001: 147.

2.1 *Ziele, die mit gentechnisch veränderten Lebensmitteln verfolgt werden*

Mit der Anwendung der Grünen und der Weißen Gentechnik in der Lebensmittelproduktion werden prinzipiell die gleichen Ziele verfolgt: Lebensmittel sollen kostengünstiger, umweltschonender, gesünder und in größerer Menge produziert werden.[40] Konkret bedeutet das: Mithilfe der Gentechnik soll der Nähr- und Gesundheitswert von pflanzlichen Lebensmitteln verbessert, die Erträge von Nutzpflanzen gesteigert sowie Nutzpflanzen verstärkt an ungünstigen Standorten kultiviert werden. Dies soll zu einer Optimierung der globalen Ernährungs- und Gesundheitssituation beitragen. Die Grüne Gentechnik soll zudem zu einer Verringerung der Umweltbelastungen durch Pflanzenschutzmittel führen. Mithilfe der Weißen Gentechnik – d. h. mit gentechnisch veränderten Mikroorganismen – sollen Enzyme in höheren Ausbeuten, höherer Reinheit und in gleichbleibender Qualität produziert werden.[41] Auf Grundlage von gentechnisch veränderten Mikroorganismen sollen zudem Lebensmittelzusätze hergestellt werden, die das Essen aromatischer und länger haltbar machen.

Auffallend an den Zielen der Gentechnik ist ihre unterschiedliche Qualität hinsichtlich Dringlichkeit und Alternativlosigkeit.[42] So ist beispielsweise die längere Haltbarkeit und verbesserte Schnittfestigkeit einer Tomate für viele Verbraucher kein so hohes Ziel, dass sie bereit wären, die möglicherweise damit verbundenen Risiken in Kauf zu nehmen. Wenn es aber um ein so hochrangiges Ziel wie die Verbesserung der Welternährung geht, dann scheint die Bewertung ganz anders auszufallen. Diese Fälle zeigen, dass eine Bewertung der Ziele bestimmte Kriterien voraussetzt, mittels derer die Festlegung einer Rangordnung der Ziele möglich ist. Vor dem Hintergrund der Frage wer oder was und inwiefern durch den Einsatz der Gentechnik in der Lebensmittelproduktion Veränderungen erfährt, werden in der Debatte unterschiedliche Bewertungsregeln genannt, wobei zwei Schutzgüter als allgemein konsensfähig herausgestellt werden: erstens die Unversehrtheit der menschlichen Gesundheit (Schutzpflichten, die der Mensch gegenüber sich selbst hat) und zweitens die Umwelt in ihrem Wirkungsgefüge als Grundlage der Ernährung dieser und nachfolgender Generationen (Schutzpflichten gegenüber der nicht-menschlichen Natur).[43]

---

[40] Irrgang et al. 2000: 19.
[41] Greiner 1998.
[42] Honnefelder 2000: 32.
[43] Skorupinski 1999: 118; Heine / Heyer / Pickardt 2002: 11.

Ziel-Mittel-Analyse

Skorupinski legt, aufbauend auf diesen Schutzgütern, folgende Verträglichkeits- bzw. Abwägungskriterien fest, die ihrer Meinung nach bei der Bewertung von Zielen herangezogen werden müssen: Zu prüfen ist *erstens* die Gesundheitsverträglichkeit gentechnisch veränderter Lebensmittel, wobei insbesondere gesundheitlich belastende Auswirkungen, wie allergische oder toxische Reaktionen oder beispielsweise eine Antibiotikaresistenz, ausgeschlossen werden müssen. Zu beachten sind *zweitens* ökologische Verträglichkeitskriterien, wobei das Maß der Folgenbewertung die Bewahrung und Erhaltung intakter und die Wiederherstellung geschädigter Ökosysteme ist. *Drittens* müssen Ziele auf ihre Human- bzw. Sozialverträglichkeit hin untersucht werden.[44]

Neben Verträglichkeitskriterien müssen Vorzugsregeln festgelegt werden, um eine hierarchische Ordnung von Zielen erstellen zu können. Als Vorzugsregel formuliert Skorupinski: »Unter allen relevanten Gesichtspunkten des Schutzes von menschlicher Gesundheit und Umwelt sind immer die Handlungsmöglichkeiten vorzuziehen, die für die Zukunft die meisten Handlungsoptionen erhalten«[45]. Im Detail stellt sie die folgenden vier Vorzugsregeln auf: *Erstens* sind reversible Folgen irreversiblen vorzuziehen. *Zweitens* sind langfristige Folgeanalysen kurzfristigen vorzuziehen. *Drittens* ist eine Anwendung angesichts vielfältiger prognostischer Unsicherheiten eher zu verlangsamen als zu beschleunigen. *Viertens* sind präventive Problemlösungen nachträglichen vorzuziehen.

In der Praxis findet die Bewertung der Ziele der Gentechnik jedoch auf Grundlage verschiedener Kriterien und Vorzugsregeln statt. In Abhängigkeit von kulturellen Wertvorstellungen und äußeren Bedingungen kann eine solche Bewertung sehr unterschiedlich ausfallen. So werden die in Entwicklungsländern lebenden Menschen, denen nicht ausreichend Nahrung zur Verfügung steht, andere Kriterien zugrunde legen, als Menschen, die sich keine Gedanken über ihre Grundversorgung machen müssen. Die Ranghöhe der Ziele wird grundsätzlich vor dem Hintergrund kulturanthropologischer Rahmenbedingungen festgelegt.

---

[44] Skorupinski 1999: 119. Ähnliche Verträglichkeitskriterien nennt auch Helmut Kress; neben der Gesundheits-, Human- und Sozialverträglichkeit führt er die ökologische, normativ-wertethische, ökonomische, internationale und technische Verträglichkeit auf; vgl. Kress 1998: 557–558.
[45] Skorupinski 1999: 119.

2.2 Gentechnik als Mittel und die Realistik der Ziele

Über die Bewertung der Ziele hinaus wird darüber diskutiert, ob die Gentechnik die anvisierten Probleme überhaupt adäquat lösen kann. Ein klassisches Beispiel für ein Ziel, das mit der Anwendung der Gentechnik in der Lebensmittelproduktion verfolgt wird, laut Meinung vieler Kritiker jedoch letztlich durch diese nicht erreicht werden kann, ist die Bekämpfung des Welthungers. Ende des 20. Jahrhunderts lebten weltweit rund 815 Mio. Menschen in einem Zustand der Unterernährung, davon rund 777 Mio. Menschen in Entwicklungsländern.[46] Jedes Jahr sterben ungefähr 18 Mio. Menschen, weil sie sich nicht ausreichend ernähren können.[47] Da davon auszugehen ist, dass sich das Problem einer ausreichenden Versorgung aller Menschen mit Nahrung, durch das nach wie vor anhaltende Wachstum der Weltbevölkerung sowie klimatische Veränderungen, aller Voraussicht nach zusätzlich weiter verschärfen wird, lautet eine der entscheidenden Fragen im Zusammenhang mit der Bewertung der Gentechnik, ob diese ein geeignetes Verfahren zur Bekämpfung des Hungers in der Welt – insbesondere in den Entwicklungsländern – darstellt.[48]

Vor allem Vertreter aus Politik und Wirtschaft gehen häufig davon aus, dass mithilfe der Gentechnik der Hunger in Entwicklungsländern verringert und die Ernährungsgrundlage für eine wachsende Weltbevölkerung gesichert werden kann. Saatgutkonzerne werben damit, Lösungen für den steigenden Bedarf an Lebensmitteln anzubieten. So sollen beispielsweise mit salztoleranten und trockenheitsresistenten Sorten bisher ungeeignete Anbauflächen nutzbar gemacht werden. Die Mehrerträge, verbunden mit Einsparungen beim Pestizidverbrauch und bei der Bewirtschaftung, sollen die weltweite Nahrungsmittelerzeugung massiv steigern. Mittel- bis langfristig sind, so formuliert es die *Arbeitsgemeinschaft Tropische und Subtropische Agrarforschung*, für die Entwicklungsländer grundlegende Fortschritte in der Armutsbekämpfung, Ernährungssicherung sowie im Umwelt- und Gesundheitsschutz zu erwarten.[49] Auch die *Food and Agriculture Organization* (FAO) der Vereinten Nationen vertritt die Ansicht, dass die Grüne Gentechnik, gezielt eingesetzt, einen Beitrag zur Bekämpfung des Hungers leisten kann.[50] Dafür müssten aber wichtige Grundnah-

---

[46] Nuffield Council on Bioethics 2003.
[47] Eidgenössische Ethikkommission für die Gentechnik im ausserhumanen Bereich 2004; Goethe 2004.
[48] Ach 2003.
[49] Arbeitsgemeinschaft Tropische und Subtropische Agrarforschung 2006: 5.
[50] FAO 2004.

rungsmittel der Armen wie Kartoffeln, Reis und Hirse stärker in die gentechnologische Forschung und Entwicklung einbezogen werden. Die FAO empfiehlt, mögliche Risiken transgener Nutzpflanzen von Fall zu Fall gegen die Vorteile abzuwägen. Es sei wichtig, den Anbau zu kontrollieren, sowohl um die Vielfalt der Arten zu erhalten als auch um Bauern wie Verbrauchern Wahlfreiheit zu ermöglichen.

Kritiker indes gehen davon aus, dass die Gentechnik generell nicht in der Lage sei, einen Beitrag zur Bekämpfung des Welthungers zu leisten, was vor allem damit zusammenhänge, dass die Ursache für Armut und Unterernährung in Entwicklungsländern nicht beim Nahrungsangebot generell, sondern vielmehr im Bereich der ökonomischen Verhältnisse und einer ungerechten Verteilung der Lebensmittel zu suchen sei.[51] Vielerseits wird auch infrage gestellt, dass es überhaupt möglich ist, transgene Nutzpflanzen zu kreieren, die dürre-, hitze-, kälte- und salzresistent sind.[52] So kam eine im Jahr 2008 veröffentlichte Studie, die im Auftrag des *Bundes für Umwelt und Naturschutz Deutschland* (BUND) durchgeführt wurde, zu dem Ergebnis, dass die Ankündigungen von Gentechnikkonzernen, dass mit gentechnisch veränderten Nutzpflanzen der Welthunger bekämpft werden könne, unrealistisch seien.[53] Der BUND fordert dazu auf, die Ankündigungen der Gentechnikkonzerne nicht länger ungeprüft zu übernehmen.[54]

Befürchtet wird von Kritikern, dass die Anwendung der Gentechnik die Situation in den Entwicklungsländern nicht nur nicht verbessern, sondern sogar deutlich verschlechtern könnte. So wird auf die besonderen Risiken des Anbaus gentechnisch veränderter Nutzpflanzen in Entwicklungsländern und das damit verbundene Schädigungspotenzial hingewiesen, denn das Risiko unkalkulierbarer Auskreuzungen in den tropischen Ländern sei deutlich höher einzuschätzen als in den Industrieländern.[55] Befürchtet wird, dass gerade in den Ländern der größten biologischen Vielfalt genetisches Material von den Kultur- in die Wildpflanzen »einwandern« *(gene flow)* und dadurch zu einer Erosion der genetischen Ressourcen beitragen könnte.[56] Zum anderen wird behauptet, dass der Einsatz der Gentechnik negative Auswirkungen auf den ökonomischen und sozialen Status von Entwicklungsländern haben könne. Gegenstand besonderer Besorgnis ist

---

[51] Skorupinski 1999: 119; Lanzerath 2001: 148; Goethe 2004; Spangenberg 2002.
[52] Sprenger 2008: 5.
[53] Sprenger 2008.
[54] Sprenger 2008: 84.
[55] Seiler 1998: 4.
[56] Ach 2003: 39.

hier vor allem die Tendenz, Landwirte von ihren Produktionsmitteln (Saatgut) zu entfremden und sie in eine wirtschaftliche Abhängigkeit von nationalen oder ausländischen Firmen zu bringen.[57]

2.3 Zusammenfassung

In der Debatte um gentechnisch veränderte Lebensmittel werden die Ziele, die mit dem technischen Eingriff verfolgt werden, unterschiedlich bewertet. Die Bewertung von Zielen erfolgt in der Regel in drei Schritten: In einem *ersten* Schritt werden Kriterien aufgestellt, mittels derer die Ziele bewertet werden sollen. In einem *zweiten* Schritt findet diese Bewertung statt und schließlich wird in einem *dritten* Schritt untersucht, ob das abgegebene Ziel mit dem angegebenen Mittel erreicht werden kann. Die Diskussion über die Bewertung des gentechnischen Einsatzes in den Entwicklungsländern lässt vermuten, dass Uneinigkeit zwischen Befürwortern und Gegnern hauptsächlich auf der dritten Stufe, d.h. bei der Bewertung der Realistik eines Ziels, besteht. Den Vertretern der Saatgutkonzerne wird außerdem von vielen Seiten vorgeworfen, dass diese ausschließlich kommerzielle Zwecke verfolgen.[58] Zu fragen ist also, ob sich Befürworter und Gegner dann letztlich doch schon in ihrer Zielsetzung und nicht erst in der Bewertung der Realistik der Ziele unterscheiden.

3. Risikoanalyse

In ethischer Perspektive wird ferner über die Folgen der Gentechnik diskutiert. Obwohl die Risikoanalyse einen vergleichsweise großen Teil der Kontroverse über Gentechnik einnimmt, darf, wie in Abschnitt 1.3 bereits ausgeführt, nicht in Vergessenheit geraten, dass ethische Reflexion weit mehr erfordert als Technikfolgenbewertung.

Da gentechnisch veränderte Lebensmittel nicht nur mit Risiken, sondern in der Regel auch mit Nutzen verbunden sind, muss nicht nur das Tun, sondern auch das Unterlassen von Gentechnik verantwortet werden – die Ablehnung der Gentechnik in der Lebensmittelproduktion ist nur dann vertretbar, wenn der Verzicht auf den möglichen Nutzen gerechtfertigt werden kann. Die Risikoanalyse nimmt einen Großteil der Debatte um

---

[57] Seiler 1998: 3; vgl. Ach 2003: 31.
[58] Siehe insbesondere die Studie des BUND (Sprenger 2008).

gentechnisch veränderte Lebensmittel ein, wobei einerseits über die »Risikoabschätzung« und andererseits über die »Risikobewertung« diskutiert wird. Bei der Risikoabschätzung steht die Frage im Vordergrund, ob eine Abschätzung von Risiken überhaupt wertfrei möglich ist. Kontroversen bestehen zudem darüber, wie der Begriff des Risikos zu fassen ist. Grob kann die Debatte in Befürworter des additiven Risikomodells auf der einen und Vertreter des synergistischen Risikomodells auf der anderen Seite unterteilt werden. Diskutiert wird außerdem über den Zusammenhang der Begriffe »Risiko« und »Gefahr« sowie über das Kriterium der substanziellen Äquivalenz als mögliche Methode zur Risikoabschätzung. Bei der Risikobewertung schließlich gehen die Meinungen darüber auseinander, ob die Anwendung der Gentechnik aufgrund möglicher Risiken präventiv im Sinne des sogenannten Vorsorgeprinzips abgelehnt werden darf. Zudem wird über die Zumutbarkeit von Risiken und damit einhergehend über die Kennzeichnungspflicht diskutiert.

3.1 Risikoabschätzung

3.1.1 Begriffsbestimmung »Risiko«

Als Risiko bezeichnet man in der Regel »einen möglichen Schaden, der als unerwünschte Nebenwirkung einer in positiver Absicht erfolgten Handlung oder eingesetzten Technik resultiert«[59], oder anders formuliert: »Risiken bestehen dort, wo bestimmte Wahrscheinlichkeiten dafür vorliegen, daß Schäden eintreten«[60]. Aus technisch-mathematischer Perspektive wird Risiko definiert als das Produkt von Schadensausmaß und Eintrittswahrscheinlichkeit.[61] Ein Risiko ist also durch die zwei Variablen *Wahrscheinlichkeit* und *Schadensausmaß* gekennzeichnet. Mit dieser Risikoformel wird eine Art Nullpunkt eingeführt, von dem aus man zwischen erwünschten und unerwünschten Folgen unterscheidet.[62] Dem Begriff des Risikos ist der Begriff der Chance bzw. der des möglichen Nutzens gegenüberzustellen. Eine Chance liegt vor, wenn mit einer gewissen Wahrscheinlichkeit ein Nutzen eintritt. Schaden und Nutzen sind wertende Begriffe: Schaden bezeichnet etwas, das als negativ beurteilt wird, Nutzen etwas, das als positiv

---

[59] Engels 2005: 27.
[60] Nida-Rümelin 1996a: 809.
[61] Skorupinski / Ott 2000: 47; Heine / Heyer / Pickardt 2002: 18.
[62] Nida-Rümelin 1996a: 809.

klassifiziert wird. Eine Handlung ist im Regelfall mit Chancen und Risiken verbunden.

In der Kontroverse um mögliche Folgen wird häufig behauptet, dass eine objektive und wertneutrale Risikoabschätzung nicht möglich sei. So geht beispielsweise Skorupinski davon aus, dass schon die Bestimmung eines Risikos nach der gängigen Formel »Risiko = Eintrittswahrscheinlichkeit multipliziert mit dem Schadensausmaß« nicht möglich ist, ohne Bewertungen vorzunehmen. Die Bestimmung eines Ereignisses als Schaden, die Entscheidung, ob es sich dabei um einen relevanten Schaden handelt und die Ermittlung eines Schadensausmaßes setzen ihrer Meinung nach notwendig Bewertungen voraus.[63]

Auch Eve-Marie Engels betont, dass eine Bestimmung von Risiken nicht wertfrei möglich sei, denn bereits die Charakterisierung bestimmter Handlungs- oder Technikfolgen als mögliche Schäden oder Risiken und die damit getroffene Selektion dieser Folgen aus einem Spektrum möglicher Folgen impliziere eine Wertung.[64] Ein rationaler Umgang mit Risiken setzte daher, so Engels, neben einer angemessenen Bewertung auch eine angemessene Abschätzung voraus. Eine Risikobeurteilung besteht ihrer Meinung nach also aus zwei unterschiedlichen Komponenten, nämlich der Risikoabschätzung und der Risikobewertung. Erstere bezeichnet sie als wissenschaftlich-deskriptive Komponente, letztere als normative Komponente. Allerdings, so betont sie, dürfen diese Bezeichnungen nicht zu dem Fehlschluss verleiten, dass die wissenschaftlich-deskriptive Komponente neutral ist, denn auch in diese gehe bereits ein wertendes Moment ein.[65]

3.1.2 Risiko versus Gefahr

Eine weitere Unterscheidung, die in der interdisziplinären Risikodiskussion oft getroffen wird, ist jene zwischen den Begriffen »Risiko« und »Gefahr«. Während Risiken Formen der Unsicherheit darstellen, die durch Entscheidungen und Handlungen entstehen, insofern subjektgebunden sind und die Momente der Zurechenbarkeit und Verantwortbarkeit beinhalten, werden Gefahren als subjektunabhängige Schadensmöglichkeiten charakterisiert.[66] Als Beispiele für Gefahren werden Erdbeben, Vulkanaus-

---

[63] Skorupinski 2005: 267.
[64] Engels 2005: 29.
[65] Engels 2005: 27.
[66] Engels 2005: 33.

brüche, Meteoriteneinschläge und andere Naturkatastrophen genannt, die sich nicht auf anthropogene Ursachen zurückführen lassen. Allerdings, so wird immer wieder betont, können Risiken, die von Subjekten bewusst und freiwillig eingegangen werden, für andere zu Gefahren werden, wenn diese von der Entscheidung des anderen – für oder gegen das Risiko – betroffen sind, an den Entscheidungsprozessen jedoch nicht teilnehmen können.[67] Oft werden diese Gefahren auch als »unfreiwillige Risiken« bezeichnet.[68]

Bei der Einführung neuer Techniken ist die Verbindung von Risiken und Gefahren besonders problematisch, da potenziell betroffene zukünftige Generationen keine Möglichkeit haben, bei der Bewertung der Risiken einzugreifen. Deswegen, so betont beispielsweise Engels, haben wir eine »Generationen übergreifende und globale Verantwortung jedoch nicht nur für den Menschen, sondern auch für andere Schutzgüter, Tiere und Pflanzen«[69]. Auf diesen Aspekt des Risikos geht auch Julian Nida-Rümelin ein. So stellt er fest, dass es für die ethische Beurteilung einen Unterschied ausmache, ob eine Personengruppe selbst höhere Risiken in Kauf nehme, um daraus einen Vorteil zu erzielen, oder ob sie diese Risiken einer anderen Personengruppe auflade.[70] Auch Nida-Rümelin empfiehlt eine Unterscheidung der Begriffe Risiko und Gefahr.[71] Ohne Gefahren gebe es keine Risiken; aber nicht jede Gefahr sei zugleich ein Risiko. Im Gegensatz zur Gefahr beziehe das Risiko auf Wahrscheinlichkeiten.

3.1.3 Das additive und das synergistische Risikokonzept

Die Debatte über die Folgen gentechnisch veränderter Lebensmittel lässt erkennen, dass in der Regel von zwei unterschiedlichen Risikotypen ausgegangen wird: *erstens* von bekannten Risiken sowie *zweitens* von Risiken, die bei weiterer Forschung prinzipiell erkennbar sind.[72] Bekannte Risiken sind unproblematisch, da sie ersichtlich und somit umgehbar sind. Als komplizierter wird die Beurteilung des zweiten Typus eingestuft. Trotz der notwendigen Anstrengungen, Risiken soweit wie möglich im Vorfeld zu erkennen, so erklärt es Regine Kollek, dürfe nicht übersehen werden,

---

[67] Engels 2005: 34.
[68] Banse / Bechmann 1998: 39.
[69] Engels 2005: 35.
[70] Nida-Rümelin 1996b: 63.
[71] Nida-Rümelin 1996a: 809–810.
[72] Kollek 1997.

dass die Größe eines potenziellen Risikos nur schwer zu definieren und quantitativ zu bestimmen sei. Von daher sei man in den meisten Fällen auf eine qualitative Einschätzung angewiesen.[73] In der Diskussion wurden zunächst unterschiedliche Konzepte für eine, mit Kollek gesprochen, »qualitative Risikoeinschätzung« verfolgt: das *additive* und das *synergistische* Risikomodell.[74] Das *additive Risikomodell* besagt, dass die Kenntnis über die Eigenschaften und Risiken des Empfängerorganismus und des übertragenen Gens hinreichend ist, um ein Gefährdungspotenzial abschätzen zu können, d.h. die Risiken können aus der Summe der beim Gentransfer verwendeten Elemente bestimmt werden.[75] Vertreter des *synergistischen Risikomodells* hingegen – welche das additive Modell zwar für notwendig, aber nicht für hinreichend halten – verweisen auf Wechselwirkungen auf genetischer Ebene, die langfristig sehr wohl große Veränderungen auslösen können.[76] Geprägt wurde die Diskussion um die beiden Risikomodelle in Deutschland vor allem durch die Arbeit der Enquête-Kommission *Chancen und Risiken der Gentechnologie* aus dem Jahre 1987[77], durch die Vorbereitung auf das *erste deutsche Gentechnikgesetz*[78] und durch die Publikation der *Denkschrift Forschungsfreiheit* der Deutschen Forschungsgemeinschaft (DFG)[79].

Die aktuelle Debatte hat sich im Zuge neuer Erfahrungen mit der Gentechnik gewandelt: Einen grundsätzlichen Streit über die Existenz synergistischer Effekte gibt es mittlerweile nicht mehr, was vor allem damit zusammenhängt, dass in der Vergangenheit immer wieder Fälle eingetreten sind, in denen unerwartete Folgen der gentechnischen Anwendung beobachtet werden konnten. So sorgte beispielsweise ein Versuch für Aufsehen, von dem australische Wissenschaftler im Jahr 2005 im *Journal for Agriculture and Food Chemistry* berichtet haben.[80] Mithilfe gentechnischer Methoden hatten die Wissenschaftler eine Erbsensorte entwickelt, die ein Boh-

---

[73] Kollek 1997.
[74] Zur Einführung in die Diskussion über das additive und das synergistische Risikomodell siehe z.B. Skorupinski 2005: 269; Gloede et al. 1993; Schütte / Stirn / Beusmann 2001: 8–16; Heine / Heyer / Pickardt 2002.
[75] Argumente für das additive Modell wurden vor allem von der Deutschen Forschungsgemeinschaft hervorgebracht (Deutsche Forschungsgemeinschaft 1996).
[76] Für das synergistische Modell argumentieren u.a. Skorupinski und Bücking (Skorupinski 2005; Bücking 2001).
[77] Enquete-Kommission 1987.
[78] Ausführlich dokumentiert wurde diese Debatte von Gloede et al. 1993.
[79] Deutsche Forschungsgemeinschaft 1996.
[80] Prescott et al. 2005.

nengen enthielt. Ziel der gentechnischen Anwendung war es, eine gegen den sogenannten Erbsenkäfer resistente Erbsensorte zu entwickeln, von dem Erbsen im Gegensatz zu Bohnen häufig befallen sind. In Tierversuchen, die im Zuge einer Risikoanalyse durchgeführt wurden, kamen die Forscher schließlich zu dem Ergebnis, dass Mäuse, denen die gentechnisch veränderten Erbsen verfüttert wurden, in der Folge erkrankten; beobachtet wurden beispielsweise Entzündungen im Lungengewebe der Tiere. Da diese Reaktionen bei den Mäusen nur nach der Fütterung der gentechnisch veränderten Erbsen und nicht nach der Fütterung von Bohnen oder von herkömmlichen Erbsen zu beobachten waren, zogen die Forscher den Schluss, dass das Bohnengen, eingesetzt in die Erbse, für die pathogene Wirkung verantwortlich war. Sie konnten diese Beobachtung nicht vollständig erklären und gaben das Projekt zur Entwicklung der gentechnisch veränderten Erbsensorte nach insgesamt zehnjähriger Laufzeit auf.

Von Gentechnikkritikern wird dieser Fall häufig als Beleg dafür angeführt, dass der Verzehr gentechnisch veränderter Lebensmittel zu unerwarteten (synergistischen) Folgen und möglicherweise irreversiblen Schäden führen kann. Dieser Fall zeigt erneut, so Christoph Then von Greenpeace Deutschland, welche Risiken Gen-Saaten bergen. Die gängigen Methoden zur Gen-Manipulation von Pflanzen führen seiner Meinung nach immer wieder zu ungewollten und unkontrollierbaren Auswirkungen.[81] Gentechnikbefürworter hingegen führen den Fall der gentechnisch veränderten Erbsensorte als Beispiel dafür an, dass alle Risiken und somit auch die synergistischen Effekte mit geeigneten Versuchen absehbar sind. Trotz der für die Forscher enttäuschenden Tatsache, dass aufwendige Forschungsarbeiten zunächst vergeblich waren, birgt, so der *Wissenschaftlerkreis Grüne Gentechnik e. V.*[82] in einer Stellungnahme, der Projektabbruch doch in erster Linie eine positive Botschaft: »Das Kontrollsystem funktioniert. Bereits in der Forschungsphase werden die Pflanzen auf mögliche Risiken untersucht, sachlich bewertet und Schlussfolgerungen – dafür steht einmal mehr der hier dargestellte Fall – konsequent gezogen.«[83]

Dass synergistische Effekte auftreten können, wird, wie die Diskussion über diesen Fall zeigt, gegenwärtig kaum mehr bestritten. Der Dissens liegt heute eher darin, welche Schlussfolgerungen für die Bewertung des

---
[81] Greenpeace 2005.
[82] Der Wissenschaftlerkreis Grüne Gentechnik e.V. ist ein von Wissenschaftlern verschiedener Fachrichtungen gebildeter gemeinnütziger Verein, der ein Informationsportal zur Grünen Gentechnik im Internet bereitstellt: URL http://www.wgg-ev.de/ [03. März 2011].
[83] Wissenschaftlerkreis Grüne Gentechnik e.V. 2005.

gentechnischen Eingriffs aus der Annahme, dass es diese Effekte geben kann, zu ziehen sind.[84] Einige Befürworter der Gentechnik gehen davon aus, dass unerwünschte Effekte mit geeigneten Prüfverfahren entdeckt und somit auch umgangen werden können,[85] andere wiederum halten eine der synergistischen Hypothese folgende Risikobewertung für durchweg verfehlt.[86]

3.1.4 Das Kriterium der substanziellen Äquivalenz

Wer ein gentechnisch verändertes Produkt freisetzen oder auf den Markt bringen will, muss ein Zulassungsverfahren positiv durchlaufen.[87] Fraglich ist, auf Grundlage welcher Kriterien eine solche Sicherheitsbewertung stattfinden kann. Ein Konzept zur Bewertung von »neuartigen« und »gentechnisch veränderten« Lebensmitteln ist das Kriterium der substanziellen Äquivalenz. Dieses wurde Mitte der 1990er Jahre von verschiedenen internationalen wissenschaftlichen Gremien ausgearbeitet – vor allem von der *Weltgesundheitsorganisation* (WHO), der *Ernährungs- und Landwirtschaftsorganisation der Vereinten Nationen* (FAO) sowie der *Organisation für wirtschaftliche Zusammenarbeit und Entwicklung* (OECD) und schließlich als Bestandteil der Risikoabschätzung für gentechnisch veränderte Lebensmittel anerkannt:[88] Nach der Novel Food-Verordnung Nr. 258/97 darf ein neuartiges Lebensmittel bzw. eine neuartige Zutat nur dann in Verkehr gebracht werden, wenn es dem traditionellen Lebensmittel gegenüber *gleichwertig* ist.[89] Dem Konzept der substanziellen Äquivalenz liegt die Annahme zugrunde, dass ein gentechnisch verändertes Lebensmittel mit einem herkömmlichen Lebensmittel vergleichbar ist – ausgenommen der

---

[84] Schütte / Stirn / Beusmann 2001: 9.
[85] So erklärten Günter Gassen und Kollegen in einem *Gutachten zur Biologischen Sicherheit bei der Nutzung der Gentechnik*, dass sie synergistische Effekte zwar durchaus annehmen, dass sie es aber für unzulässig halten, diese auf die Ebene einer Risikobetrachtung zu erheben (Gassen et al. 1991).
[86] So verweisen Marion Bernhardt und Kolleginnen auf fehlende Erfahrungen mit gentechnisch veränderten Organismen (Bernhardt / Weber / Tappeser 1991; Bernhardt 1991).
[87] In der EU sind Freisetzungen und das Inverkehrbringen von gentechnisch veränderten Organismen durch die am 17. April 2001 in Kraft getretene Richtlinie 2001/18/EG geregelt. Da die Richtlinien nicht direkt gelten, müssen sie durch nationale Regelungen der EU-Mitgliedsländer in nationales Recht umgesetzt werden. In Deutschland ist dies durch das Gentechnikgesetz (GenTG) erfolgt. Für weitere Hinweise siehe Teil II. (Rechtliche Aspekte) des vorliegenden Sachstandsberichts.
[88] FAO / WHO 1996; Europäische Union 1997.
[89] Novel Food-Verordnung: Erwägungsgrund 2.

zusätzlichen, auf gentechnischem Wege eingeführten Eigenschaft. Für die zusätzliche, gentechnisch eingeführte Eigenschaft wird abgeklärt, ob sie das Produkt im Vergleich zum herkömmlichen Produkt wesentlich (substanziell) verändert oder nicht. Substanzielle Äquivalenz bedeutet also die wesentliche Gleichwertigkeit einer gentechnisch veränderten Pflanze bzw. eines Lebensmittels oder einer Lebensmittelzutat mit einem herkömmlichen Produkt.[90] Bewirkt die gentechnische Veränderung einen toxikologisch oder immunologisch bedeutsamen Unterschied, so gelten die verglichenen Produkte nicht mehr als substanziell äquivalent; je größer die Abweichung zwischen dem neuartigen Lebensmittel und bekannten Vergleichsprodukten ist, umso höher hat der Aufwand zu sein, mit dem die weitere Sicherheitsüberprüfung vorzunehmen ist.[91]

In der Novel Food-Verordnung werden drei Äquivalenzgrade unterschieden:[92] *Vollständige substanzielle Äquivalenz* liegt vor, wenn ein neuartiges Lebensmittel in seiner stofflichen Zusammensetzung mit einem konventionellen Vergleichsprodukt übereinstimmt. *Partielle Äquivalenz* ist dann gegeben, wenn das neuartige Lebensmittel bzw. die Lebensmittelzutat in allen wesentlichen Eigenschaften, bis auf das hinzugefügte Merkmal mit dem traditionellen Produkt übereinstimmt, wobei sich die nachfolgende Sicherheitsbewertung auf das neue Merkmal beschränkt. *Keine substanzielle Äquivalenz* liegt vor, wenn es kein vergleichbares konventionelles Produkt gibt.

Das Konzept war jedoch starker Kritik ausgesetzt. Ausgelöst wurde die Kontroverse durch einen von Erik Millstone und Kollegen veröffentlichten Artikel in der Zeitschrift *Nature* aus dem Jahre 1999.[93] Sie vertraten die These, dass das Konzept der substanziellen Äquivalenz nicht wissenschaftlich fundiert und somit nicht haltbar sei: »Substantial equivalence is a pseudo-scientific concept because it is a commercial and political judgement masquerading as if it were scientific. It is, moreover, inherently anti-scientific because it was created primarily to provide an excuse for not requiring biochemical or toxicological tests.«[94]

Auch Skorupinski argumentiert gegen das Kriterium der substanziellen Äquivalenz. Sie vertritt die These, dass auf diesem Wege keine wertfreie

---

[90] Novel Food-Verordnung: Artikel 3, Absatz 4.
[91] Novel Food-Verordnung: Artikel 6, Absatz 1.
[92] Zu den Äquivalenzgraden der Novel Food-Verordnung vgl. auch Skorupinski 2005: 268–271.
[93] Millstone / Brunner / Mayer 1999.
[94] Millstone / Brunner / Mayer 1999: 526.

Risikoabschätzung möglich sei, vor allem weil unerwartete Nebenwirkungen in der Bewertung nicht berücksichtigt würden.[95] Die 1999 durch Millstone et al. ausgelöste Kontroverse zum Konzept der substanziellen Äquivalenz hat dazu geführt, dass sich die OECD, die FAO und die WHO sowie die Zulassungsbehörden von Kanada und der EU mit dem Grundgedanken des Konzepts der substanziellen Äquivalenz, seiner Operationalisierung und seinem Stellenwert in der Bewilligungspraxis erneut auseinandergesetzt haben.[96] Mitte 2003 beschlossen EU-Parlament, EU-Kommission und die Regierungen der Mitgliedstaaten eine neue *Verordnung über gentechnisch veränderte Futter- und Lebensmittel*[97], in der Änderungen und Erweiterungen der Novel Food-Verordnung vorgenommen wurden. Das von der alten Novel Food-Verordnung vorgesehene vereinfachte Verfahren für das Inverkehrbringen von gentechnisch veränderten Lebensmitteln, die als im Wesentlichen gleichwertig mit bestehenden Lebensmitteln angesehen werden, wird in dieser Verordnung abgeschafft. Zwar sei die wesentliche Gleichwertigkeit ein entscheidender Schritt bei der Sicherheitsprüfung genetisch veränderter Lebensmittel, stelle aber keine eigentliche Sicherheitsprüfung dar. Im Interesse der »Klarheit, Transparenz und eines harmonisierten Rahmens für die Zulassung gentechnisch veränderter Lebensmittel«[98] werde das Anmeldeverfahren für genetisch veränderte Lebensmittel aufgegeben.

3.2 Risikobewertung

Neben einer angemessenen Risikoabschätzung wird gleichermaßen über eine angemessene Risikobewertung diskutiert. Eine Bewertung muss grundsätzlich nach bestimmten Kriterien erfolgen. Fraglich ist, auf Grundlage welcher Prinzipien oder anhand welcher Werte eine Risiko-Nutzen-Abwägung gentechnisch veränderter Lebensmittel erfolgen kann. Ein Prinzip, welches im Bewertungskontext neuer Technologien immer wieder genannt wird, ist das sogenannte *Vorsorgeprinzip*. Ein weiterer Aspekt, der im Zusammenhang mit der Bewertung von Risiken gentechnisch veränderter Lebensmittel diskutiert wird, ist die *Kennzeichnungspflicht*. So wird gelegent-

---

[95] Skorupinski 2005: 271.
[96] OECD 2002; FAO / WHO 2002. Vgl. auch den Bericht der Eidgenössischen Ethikkommission für die Gentechnik im ausserhumanen Bereich 2003: 9.
[97] Verordnung über genetisch veränderte Lebensmittel und Futtermittel.
[98] Verordnung über genetisch veränderte Lebensmittel und Futtermittel: Erwägungsgrund 6.

lich behauptet, die Risiken, die möglicherweise mit dem Einsatz der Gentechnik in der Lebensmittelproduktion verbunden sind, seien vertretbar, solange jeder selbst entscheiden könne, ob er diese Produkte konsumiere. Eben dies sei möglich, indem man die Lebensmittel entsprechend kennzeichne. Andere hingegen gehen davon aus, dass eine Kennzeichnungspflicht nicht ausreiche, um den Menschen vor den Risiken der Gentechnik schützen zu können. Dabei wird vor allem auf die Möglichkeit einer ungewollten Ausbreitung gentechnisch veränderter Nutzpflanzen und einer Genübertragung auf artverwandte, aber auch auf artfremde Organismen wie etwa auf Bodenbakterien hingewiesen – mit möglicherweise gravierenden Störungen des ökologischen Gleichgewichts. Zudem wird befürchtet, dass einmal angepflanzte gentechnisch veränderte Sorten kaum mehr ganz zum Verschwinden gebracht werden können. Mit Blick auf unabsehbare Risiken lehnen sie gentechnisch veränderte Lebensmittel daher generell ab.

3.2.1 Das Vorsorgeprinzip

Ein Begriff, der im Zusammenhang mit der Risikobewertung immer wieder diskutiert wird, ist der der *Vorsorge* bzw. der des *Vorsorgeprinzips*. Gemäß dem Vorsorgeprinzip muss die Einführung neuer Techniken bzw. neuer Produkte bereits dann verboten werden, wenn Risiken nicht gänzlich ausgeschlossen werden können, d. h. präventive Einschränkungen einer Technik sind auch dann gerechtfertigt, wenn die Möglichkeit eines Schadens noch ungewiss ist. Das Vorsorgeprinzip wurde in der *Rio-Deklaration für Umwelt und Entwicklung* erarbeitet und folgendermaßen formuliert: »Drohen schwerwiegende oder bleibende Schäden, so darf ein Mangel an vollständiger wissenschaftlicher Gewissheit kein Grund dafür sein, kostenwirksame Maßnahmen zur Vermeidung von Umweltverschlechterungen aufzuschieben.«[99]

Gemäß dem Vorsorgeprinzip trifft denjenigen, der eine neue Technik einführen will, die *Beweislast* dafür, dass die Technik sicher ist. Kann nicht ausreichend dargelegt werden, dass keine unabsehbaren Risiken folgen werden, so greift das Prinzip der Vorsorge, d. h. vorsorglich wird keine Zulassung erteilt.[100] Dadurch soll die Technikentwicklung stärkerer politischer Kontrolle unterworfen werden. Das Prinzip rechtfertigt Einschränkungen bzw. das Verbot einer Technik, bevor schlüssige Beweise für ihre Schädlichkeit erbracht sind; bereits unbekannte Risiken sind ausreichend,

---

[99] Rio-Deklaration 1992: Grundsatz 15.
[100] Van den Daele 2001: 103.

Ethische Aspekte der Gentechnik in der Lebensmittelproduktion

um die Zulassung eines neuen Produkts zu verbieten. Das Vorsorgeprinzip zielt also darauf ab, trotz fehlender Gewissheit bezüglich Art, Ausmaß oder Eintrittswahrscheinlichkeit von möglichen Schadensfällen, vorbeugend zu handeln, um diese Schäden von vornherein zu vermeiden. Es legitimiert außerdem den Staat, in die Freiheiten und Rechte von Einzelpersonen, Unternehmen und Verbänden einzugreifen, um langfristig drohenden schweren oder irreversiblen Schäden vorzubeugen.[101] Laut Mitteilung der *Kommission der Europäischen Gemeinschaften* setzt ein Rückgriff auf das Vorsorgeprinzip voraus, dass erstens die negativen Folgen eines Phänomens, eines Produkts oder eines Verfahrens ermittelt worden sind und zweitens, dass eine wissenschaftliche Risikobewertung wegen unzureichender, nicht eindeutiger oder ungenauer Daten keine hinreichend genaue Bestimmung des betreffenden Risikos zulässt.[102]

Inwiefern das Prinzip der Vorsorge als Grundlage für die Risikobewertung gentechnisch veränderter Lebensmittel herangezogen werden darf, wird kontrovers diskutiert, wobei zwischen Vertretern einer starken und einer schwachen Auslegung des Prinzips unterschieden werden kann. Nach dem starken Verständnis ist jede Tätigkeit zu unterlassen, bei der nicht ausgeschlossen werden kann, dass ein schwerwiegender Schaden eintritt. Im Sinne einer schwachen Auslegung hingegen wird gefordert, dass es zulässig bleiben soll zu handeln bzw. Handlungen zu genehmigen, die gefährlich sein können, auch wenn man den wissenschaftlichen Beweis, dass sie ungefährlich sind, nicht erbringen kann.

Für eine schwache Auslegung des Vorsorgeprinzips argumentiert u. a. Klaus-Peter Rippe. Er kritisiert, dass die Entscheidungsfreiheit des Einzelnen durch ein zu starkes Verständnis des Vorsorgeprinzips beschränkt werde.[103] Nicht jede potenziell schädigende Handlung dürfe verboten werden und der Grundsatz des Vorsorgeprinzips »Im Zweifel enthalte Dich« könne nur in den Fällen angewandt werden, wo einerseits der zu erwartende Schaden sehr hoch sei und wo zweitens sehr gute Gründe dafür sprechen würden, dass dieser Schaden auch tatsächlich eintrete.[104] Auch Wilfried Beckerman fordert eine schwache Auslegung des Prinzips.[105] Unsere Verantwortung gegenüber zukünftigen Generationen bestehe vor allem darin, wirtschaftliches Wachstum und technisch-wissenschaftlichen Fortschritt zu ermögli-

---

[101] Rippe 2001: 2.
[102] Kommission der Europäischen Gemeinschaften 2000: 18.
[103] Rippe 2001: 12.
[104] Rippe 2001: 15.
[105] Beckerman 2006.

chen. Obschon Beckerman davon ausgeht, dass es nicht möglich ist, zu beweisen, dass der Einsatz der Gentechnik in der Lebensmittelproduktion nicht mit unerwünschten Nebenfolgen verbunden ist, hält er eine vorsorgliche Ablehnung aufgrund eben dieser Ungewissheit für katastrophal.[106] Diskutiert wird die Risikobewertung auf Grundlage des Vorsorgeprinzips auch von Wolfgang van den Daele.[107] Er selbst formuliert die Grundthese des Prinzips folgendermaßen: »Statt die Risiken zu regulieren, sobald sie zutage treten, werden unbekannte Risiken vermindert, indem der Einsatz der Technik selbst auf ein Mindestmaß beschränkt wird.«[108] Seiner Meinung nach sind unabsehbare Folgen nicht nur ein Problem der Gentechnik. Auch bei konventionellen Züchtungen sei es unmöglich vorherzusagen, wie sich neue Gene vor dem genetischen Hintergrund der Pflanze auswirken und zudem seien langfristige Auswirkungen neuer Nutzpflanzen vergleichsweise unbestimmbar und unvorhersagbar.[109] In diesem Sinne habe eine starke Auslegung des Prinzips zur Folge, dass nicht nur die gentechnische Konstruktion neuer Pflanzen, sondern auch jede konventionelle Pflanzenzüchtung dem Vorsorgeprinzip zufolge verboten werden müsse.

Die Kontroverse darüber, ob das Vorsorgeprinzip als Grundlage für eine Risikobewertung herangezogen werden darf, zeigt sehr klar, wie schwierig eine Abwägung der Risiken und Nutzen gentechnisch veränderter Lebensmittel ist. Sollen gentechnische Anwendungen in der Lebensmittelproduktion vorsorglich verboten werden, weil ihre Freisetzung möglicherweise mit schweren Nebenfolgen verbunden ist, oder ist trotz der Ungewissheit eine Zulassung geboten, da das Missachten des möglichen Nutzens zu noch größeren Schäden führen kann? Eine Entscheidung für eine der beiden Positionen wird dadurch erschwert, dass auf beiden Seiten plausible Argumente hervorgebracht werden. Da mögliche Nebenfolgen irreversibel und sehr schwer sein können, spricht vieles dafür, am Prinzip der Vorsorge festzuhalten. Andererseits zeigt der Risikovergleich mit konventionellen Züchtungsmethoden, wie von van den Daele angeführt, dass unabsehbare Nebenfolgen nicht ausschließlich ein Problem neuer Techniken sind, sondern in vielen anderen Anwendungsbereichen ebenso nicht ausgeschlossen werden können. Zudem müssen immer auch die nicht wahrgenommenen Chancen bzw. der nicht eingetroffene Nutzen in Rechnung gestellt werden.

---

[106] Beckerman 2006: 91.
[107] Van den Daele 2001.
[108] Van den Daele 2001: 103.
[109] Van den Daele 2001: 107.

3.2.2 Informierte Einwilligung und Kennzeichnungspflicht

Da eine Risiko-Nutzen-Abwägung mit großen Schwierigkeiten verbunden ist, kann keine allgemeine Regel für die Anwendung der Gentechnik aufgestellt werden. Ein Ausweg aus der skizzierten Problematik könnte in einer individuellen Entscheidung der Konsumenten bestehen: Ob ein Verbraucher gentechnisch veränderte Lebensmittel kaufen und verzehren möchte, sollte er frei und informiert entscheiden können; eine freie und informierte Einwilligung (informed consent) des Betroffenen ist allerdings nur dann möglich, wenn gentechnisch veränderte Lebensmittel sachgemäß gekennzeichnet werden. Im Vordergrund der ethischen Diskussion um gentechnisch veränderte Lebensmittel steht daher neben dem Recht der Konsumenten auf gesundheitlich unbedenkliche Lebensmittel auch ein Recht auf Transparenz hinsichtlich der Erkennbarkeit ihrer Herstellung sowie ein Recht auf Wahlfreiheit zwischen Produkten aus konventionellem und biologischem Anbau.[110]

Ein Problem bei der Bewertung der Risiken besteht, wie oben bereits skizziert, darin, dass eine Entscheidung über die Abwägung von Risiken und Nutzen nicht nur diejenigen trifft, die an der Entscheidungsfindung teilhaben. Vielmehr wird eine Entscheidung von wenigen getroffen, deren Folgen von anderen Personen getragen werden müssen. Wer aber von einer Entscheidung nur betroffen ist, selbst also keinen Einfluss hat, geht kein Risiko ein, sondern ist einer Gefahr ausgesetzt.»Damit stellen sich die Probleme der Zurechnung von Verantwortung in ganz neuer Art und Weise. Während das Eingehen eines Risikos im ursprünglichen Sinn direkt mit der Verantwortung dafür verbunden ist [...] haben ja die von unerwünschten Technikfolgen Betroffenen in der Regel diese nicht ins Werk gesetzt und zumindest nicht direkt zu verantworten.«[111] Diese Unterscheidung zwischen Risiko und Gefahr, wie sie oben im Zusammenhang mit der Risikoabschätzung bereits ausgeführt wurde,[112] ist also auch im Rahmen einer Risikobewertung von Bedeutung.[113] Diskutiert wird hierbei *erstens*, ob es dem Einzelnen überhaupt möglich ist, sich frei und informiert für oder gegen das Eingehen von Risiken zu entscheiden sowie *zweitens*, ob die Akzeptanz von Risiken zwingend die freie und informierte Einwilligung der Betroffenen erfordert.

---

[110] Skorupinski 2005: 266.
[111] Skorupinski / Ott 2000: 50–51.
[112] Vgl. Abschnitt III.3.1.2 (Risiko versus Gefahr).
[113] Zu der Unterscheidung zwischen Risiko und Gefahr siehe z. B. Engels 2005; Skorupinski 2005; Luhmann 1991; Bonß 1995.

Skorupinski betont, dass eine freie und informierte Einwilligung generell nur dann möglich ist, wenn Lebensmittel, die gentechnisch verändert wurden, entsprechend gekennzeichnet sind.[114] »Wenn in einer Marktwirtschaft über Bedarf aus der Konsumentenperspektive entschieden wird, dann haben die Konsument/innen ein Recht auf ausreichende Information.«[115] Skorupinski fordert zudem ein sogenanntes »Abwehrrecht«, welches beinhaltet, dass Personen die sich gegen neuartige Lebensmittel aus gentechnisch veränderten Organsimen (GVO) entscheiden, nicht zu deren Kauf gezwungen werden dürfen. Basierend auf diesem Abwehrrecht leitet sie wiederum eine staatliche Pflicht ab, nicht gentechnisch veränderte Lebensmittel in ausreichender Menge zur Verfügung zu stellen. Da aber eine Ausbreitung der transgenen Eigenschaften mitunter nicht vermieden werden könne, sei es mit großen Problemen verbunden, ausreichend gentechnikfreie Nahrung anzubieten. Dies könne zu der Alternative führen, entweder gentechnikfreie Lebensmittel zu importieren oder eben auf deren Anbau zu verzichten.

Einige Gentechnikbefürworter stehen der Kennzeichnungspflicht kritisch gegenüber. Sie befürchten, dass der Eindruck erweckt werde, von gentechnisch veränderten Lebensmitteln gehe automatisch ein erhöhtes Risiko aus. Dieser Eindruck würde, so argumentieren die Gentechnikbefürworter, durch eine sachlich ungerechtfertigte Kennzeichnung verstärkt.[116] Generell sei eine Kennzeichnung nur dann praktikabel, wenn sich das gentechnisch veränderte Produkt in seiner Zusammensetzung von herkömmlichen Lebensmitteln unterscheide, was häufig eben nicht der Fall sei. Beispielhaft werden hier Soja-Produkte angeführt: Zwischen mithilfe der Gentechnik hergestellten und herkömmlichen Soja-Produkten bestehe kein Unterschied. »Statt pauschal zu kennzeichnen«, so verlangen die Gentechnikbefürworter, »sollte man darüber informieren, wo und bei welchen Verfahrensschritten Gentechnik eingesetzt wird [...]«[117]. Wichtig sei es zudem, auch die positiven Effekte der Gentechnik herauszustellen. Nur wer die Risiken und den Nutzen kenne, könne sich frei und informiert für oder gegen den Verzehr gentechnisch veränderter Lebensmittel entscheiden.

Problematisch im Zusammenhang mit der Kennzeichnungspflicht ist, unabhängig davon ob man diese für notwendig hält oder ablehnt, dass es

---

[114] Skorupinski 2005: 274.
[115] Skorupinski 2005: 274.
[116] Mohr 2001: 16.
[117] Mohr 2001: 16.

keine eindeutige Definition darüber gibt, wann ein gentechnisch verändertes Lebensmittel als solches deklariert werden muss.[118] So war beispielsweise Sojaöl aus gentechnisch veränderten Sojabohnen bis zum Jahr 2004 nicht kennzeichnungspflichtig, da bis zu diesem Zeitpunkt selbst mit sehr sensitiven Nachweisverfahren nicht zu identifizieren war, ob die Ausgangspflanzen gentechnisch verändert waren oder nicht.[119] Seit 2004 gilt in der EU jedoch eine nachweisunabhängige Kennzeichnungspflicht. Ebenfalls erst seit dem Jahr 2004 kennzeichnungspflichtig sind Futtermittel aus gentechnisch veränderten Pflanzen.[120] Problematisch ist zudem, dass bei vielen Lebensmitteln erst nachdem sie bereits längere Zeit auf dem Markt erhältlich waren, festgestellt wird, dass sie gentechnisch verunreinigt sind. So haben Untersuchungen beispielsweise gezeigt, dass Honig oft Spuren von gentechnisch veränderten Organismen enthält. Da der Flugradius von Bienen mehrere Kilometer beträgt, ist die Gefahr, dass diese den Pollen von gentechnisch veränderten Pflanzen aufsammeln und den Honig so verunreinigen, sehr hoch.

Festzuhalten bleibt also, dass eine angemessene Kennzeichnung gentechnisch veränderter Lebensmittel mit großen Schwierigkeiten verbunden ist, da eine Grenzziehung zwischen gentechnisch veränderten und nicht gentechnisch veränderten Lebensmitteln nicht immer möglich ist. Demzufolge können die Risiken des gentechnischen Eingriffs grundsätzlich nicht nur diejenigen betreffen, die Lebensmittel verzehren, die als gentechnisch verändert gekennzeichnet sind, sondern auch alle anderen.

3.2.3 Risiko und Nutzen in einzelnen Bereichen

Diskutiert werden in der Regel gesundheitliche, ökologische und ökonomische Folgen der Anwendung der Gentechnik in der Lebensmittelproduktion. Welche Risiken und welchen Nutzen jemand für möglich hält und wie er diese gegeneinander abwägt, ist letztlich maßgeblich dafür, ob sich jemand für oder gegen den gentechnischen Eingriff entscheidet. Da in diesem Rahmen jedoch keine Bewertung stattfinden soll, sondern ausschließlich in die aktuelle Debatte eingeführt wird, wäre eine Risiko-Nut-

---

[118] Dazu siehe insbesondere Berlin-Brandenburgische Akademie der Wissenschaften: 70–72. Vgl. auch Abschnitt III.1 (Gentechnisch veränderte Lebensmittel als Gegenstand der ethischen Analyse).
[119] Berlin-Brandenburgische Akademie der Wissenschaften 2007: 71.
[120] Für weitere Hinweise siehe Teil II. (Rechtliche Aspekte) des vorliegenden Sachstandsberichts.

zen-Abwägung unangebracht. Wohl aber sollen an dieser Stelle häufig vorgebrachte Argumente kurz skizziert werden.

In der Kontroverse um gesundheitliche Folgen stehen sich folgende Argumente gegenüber: Gentechnikkritiker gehen davon aus, dass Nahrungsmittel aus gentechnisch veränderten Lebensmitteln mit unabsehbaren gesundheitlichen Risiken verbunden sein können. Gestützt wird dieses Argument beispielsweise auf die Bekanntgabe einer Neuauswertung[121] einer bereits im Jahr 2002 durchgeführten Fütterungsstudie mit Ratten[122], die zeigte, dass die Verwendung einer gentechnisch veränderten Maissorte als Lebens- und Futtermittel möglicherweise mit Gesundheitsrisiken verbunden ist und daher als bedenklich eingestuft werden muss. Zudem wird befürchtet, dass der Verzehr gentechnisch veränderter Lebensmittel Allergien zur Folge haben könnte. So sei es unter Laborbedingungen oder in Tierversuchen nicht möglich, das allergene Potenzial eines neuen Proteins eindeutig zu bestimmen, da diese Versuche nicht auf den Menschen übertragbar seien und grundsätzlich alle Substanzen eines Lebensmittels eine Allergie auslösen könnten.[123] Enthalten die Lebensmittel Antibiotika-Resistenz-Gene als Markergene, könnte ihr Verzehr, so eine weitere häufig formulierte Befürchtung, auch ungewollte Antibiotikaresistenzen beim Menschen verursachen.

Befürworter behaupten indes, dass immer wieder vorgebrachte Argument, es gäbe vermehrt Allergien, habe keine wissenschaftliche Grundlage; Hinweise auf Allergieauslöser seien bislang nicht gefunden worden.[124] Als Argument für die Anwendung der Gentechnik wird angeführt, dass mit ihrer Hilfe der Nähr- oder Gesundheitswert von Lebensmitteln verbessert werden könne.[125] In diesem Zusammenhang wird häufig auf eine *Studie der Weltgesundheitsorganisation (WHO)*[126] verwiesen, in der gezeigt werden konnte, dass sich gentechnisch veränderte Lebensmittel durchaus positiv auf die menschliche Gesundheit und Entwicklung auswirken können. Die WHO selbst betont allerdings, dass weiterhin umfangreiche Sicherheitsbewertungen vor der Vermarktung gentechnisch veränderter Lebensmittel nötig seien.

Im Zusammenhang mit ökologischen Auswirkungen des gentech-

---

[121] CRIIGEN 2007.
[122] Hammond 2002.
[123] Seitz / Eikmann 2005.
[124] Mohr 2001: 15.
[125] Union der Deutschen Akademien der Wissenschaften – Kommission Grüne Gentechnik 2004.
[126] WHO 2005.

nischen Eingriffs werden wiederum die folgenden Argumente vorgebracht: Als Argument für die Anwendung der Gentechnik in der Lebensmittelproduktion wird häufig angeführt, dass diese eine ressourcenschonende und nachhaltige Landbewirtschaftung ermögliche. Zudem wird behauptet, dass gentechnisch veränderte Pflanzen zur Verringerung der Belastung durch Pflanzenschutzmittel beitragen, da auf umweltschonendere Pflanzenschutzmittel zurückgegriffen werden könne.[127] Häufig verweisen Gentechnikbefürworter auch darauf, dass es bisher keine Anhaltspunkte gebe, die darauf hinweisen, dass gentechnisch erzeugte Pflanzen ökologisch risikoreicher seien als konventionell gezüchtete Pflanzen.[128] Gentechnikkritiker hingegen gehen davon aus, dass die negativen ökologischen Folgen bei Weitem überwiegen. Befürchtet wird beispielsweise, dass sich gentechnisch veränderte Nutzpflanzen ungewollt ausbreiten; es könne zu einer Genübertragung auf artverwandte und auch artfremde Organismen kommen, was möglicherweise gravierende Störungen des gesamten ökologischen Gleichgewichts zur Folge habe. Dies wiederum würde bedeuten, dass die Folgen des gentechnischen Eingriffs auch die Personen treffen, die diesen entschieden ablehnen. Kritiker betonen daher, dass durch das Risiko der Unmöglichkeit der (Folgen-)Begrenzung grundsätzlich die Gefahr bestehe, dass der Einzelne in seiner Autonomie verletzt wird.

In der Debatte um ökonomische Folgen treten die folgenden Argumente gehäuft auf: Gegen die Anwendung der Gentechnik wird angeführt, dass kleine landwirtschaftliche Betriebe, die sich einen Einstieg in die gentechnische Herstellung von Lebensmitteln nicht leisten können, von großen Firmen unterdrückt bzw. vernichtet werden. Durch die Einführung gentechnisch veränderter Lebensmittel werde die Abhängigkeit der Kleinbauern von multinationalen Konzernen erhöht, was oftmals zu einer Verschlimmerung der Situation, insbesondere in den sogenannten Entwicklungsländern, führe.[129] In diesem Zusammenhang wird häufig auf die in den vergangenen Jahren drastische Zunahme der Selbstmordrate unter Kleinbauern im indischen Bezirk Andrah Pradesh verwiesen.[130] Dem wird von Gentechnikbefürwortern entgegengehalten, dass die großen Firmen die von ihnen entwickelten gentechnisch veränderten Basislinien in der Regel nicht selbst nutzen, sondern an Züchter abgeben und

---

[127] Bayerische Landesanstalt für Landwirtschaft 2004.
[128] Mohr 2001: 18.
[129] Vgl. Abschnitt III.2.2 (Gentechnik als Mittel und die Realistik der Ziele).
[130] Stone 2002.

dies für kleine landwirtschaftliche Betriebe keinerlei negative Auswirkungen habe. Zudem wird behauptet, dass die Landwirte von dem Anbau gentechnisch veränderter Pflanzen dann profitieren, wenn sich Verluste durch einen Schädlingsbefall reduzieren bzw. Kosten des Unkrautmanagements senken lassen. Die stetige Zunahme des weltweiten Anbaus gentechnisch veränderter Pflanzen und auch einige Studien zeigen, so die Befürworter, dass trotz höherer Saatgutkosten für die Landwirte ökonomische Vorteile bestünden.[131]

3.3 Zusammenfassung

Der Diskurs über die Abschätzung und Beurteilung von Risiken und Nutzen macht deutlich, wo die Schwierigkeiten einer angemessenen ethischen Bewertung der Anwendung der Gentechnik in der Lebensmittelproduktion liegen: *Erstens* muss in eine Bewertung grundsätzlich einfließen, dass nicht alle möglichen Risiken des gentechnischen Einsatzes vorhersagbar sind und dass diese Risiken möglicherweise sehr weitreichend und irreversibel sind. *Zweitens* muss aber berücksichtigt werden, dass die Gentechnik hier keinen Sonderfall darstellt, sondern dass auch andere Handlungen unter Restrisiko bzw. unter Unsicherheit durchgeführt werden. *Drittens* ist zu beachten, dass der Einsatz der Gentechnik in der Lebensmittelproduktion ebenso nützlich sein kann. *Viertens* muss bei einer Entscheidung für oder gegen die Gentechnik grundsätzlich bedacht werden, dass diese Entscheidung Auswirkungen für zukünftige Generationen haben kann.

Vor diesem Hintergrund muss man zu dem Ergebnis kommen, dass sich der Einzelne grundsätzlich nur dann frei und informiert für oder gegen den Verzehr gentechnisch veränderter Produkte entscheiden kann, wenn diese angemessen gekennzeichnet sind. Ob die Kennzeichnungspflicht nur eine notwendige oder schon eine hinreichende Bedingung für die freie und informierte Einwilligung darstellt, bleibt dahingestellt.

---

[131] Berlin-Brandenburgische Akademie der Wissenschaften 2007: 13.

4. Gentechnisch veränderte Lebensmittel als Eingriff in die Natur

Gentechnik – als eine besondere Form der Biotechnik – ist ein Verfahren, mit dem gezielt in die Natur eingegriffen wird. Die Bewertung dieses Eingriffs stellt neben der Ziel-Mittel- und der Risikoanalyse einen weiteren zentralen Punkt der ethischen Debatte um gentechnisch veränderte Lebensmittel dar. Diskutiert wird dieser gentechnische Eingriff vor dem Hintergrund jeweils unterschiedlicher Ansätze einer Naturethik[132], welche sich mit der ethischen Reflexion auf das Verhältnis des Menschen zur nichtmenschlichen Natur befasst (4.1).[133] Kontroversen bestehen dabei weniger bei der Beantwortung der Frage, ob die Natur geschützt werden muss. Unterschiedliche Meinungen bestehen vielmehr *erstens* darüber, warum sie geschützt werden muss und *zweitens* darüber, worin ihr Schutz bestehen kann. Diskutiert wird ferner darüber, wie damit umzugehen ist, dass Lebensmittel für den Menschen nicht nur lebensnotwendig sind, sondern auch einen kulturellen Wert – beispielsweise als Genussmittel – haben (4.2). Von einigen Diskussionsteilnehmern werden Vergleiche des gentechnischen Eingriffs mit anderen Eingriffen in die Natur angeführt, welche in diesem Kapitel Berücksichtigung finden (4.3). Ethisch bedeutsame Fragen wirft zudem die Patentierung gentechnisch veränderter Lebensmittel bzw. der Natur auf (4.4).

Obschon die Kontroverse um die ethische Bewertung des gentechnischen Eingriffs in die Natur in der allgemeinen Diskussion um gentechnisch veränderte Lebensmittel weniger präsentiert ist und nur indirekt zum Tragen kommt, ist sie letztlich moralphilosophisch von großer Bedeutung.

4.1 *Anthropozentrismus versus Physiozentrismus*

Wer immer sich mit naturethischen Fragen befasst, geht davon aus, dass es moralisch nicht gleichgültig ist, wie sich Menschen gegenüber der Natur verhalten, d. h. dass die Natur moralisch relevant ist. Wie diese moralische

---

[132] Die Begriffe Natur-, ökologische und Umweltethik werden in diesem Beitrag weitgehend synonym verwendet. Zur Diskussion um eine differenzierte Verwendung der Begriffe siehe Krebs 1997: 341; Potthast 1999: 31–32; Potthast 2002: 292; Birnbacher 1991: 278–280; Eser 2003: 344–345.
[133] Potthast 2002: 292.

Relevanz zu begründen ist, wird kontrovers diskutiert. Je nach Bezugspunkt der Begründung, die hierfür angegeben wird, lassen sich anthropozentrische und physiozentrische Naturethiken unterscheiden. Während Vertreter des Anthropozentrismus den Menschen als Maßstab aller moralischen Begründung verstehen und die Natur ausschließlich als »Ressource für den menschlichen Gebrauch«[134] sehen, sprechen Anhänger des Physiozentrismus der Natur einen Eigenwert zu und halten sie für um ihrer selbst willen schützenswert.

4.1.1 Anthropozentrische Argumente für den Schutz der Natur

Anhänger des Anthropozentrismus (von griech. »anthropos« = Mensch) stellen den Menschen ins Zentrum der ethischen Begründung; sie gehen davon aus, dass die Natur nur im unmittelbaren Interesse des Menschen geschützt werden muss. Exemplarisch für den anthropozentrischen Ansatz ist die Philosophie Immanuel Kants. In den §§ 16 und 17 der *Metaphysischen Anfangsgründe der Tugendlehre* (1797) erklärt er, dass »nach der bloßen Vernunft zu urteilen, [...] der Mensch sonst keine Pflichten als bloß gegen den Menschen (sich selbst oder einen anderen)«[135] haben könne. Gleichwohl lehnt er beispielsweise die schlechte Behandlung von Tieren ab, weil durch Abstumpfung die Moralität des Menschen geschwächt bzw. zerstört werde, womit er eine Pflicht gegenüber sich selbst verletze.[136] Innerhalb des Anthropozentrismus werden unterschiedliche Argumente für den Naturschutz hervorgebracht. Von vielen Anthropozentrikern wird der Schutz der Natur damit begründet, dass die Erfüllung grundlegender menschlicher Bedürfnisse von der Verfügbarkeit natürlicher Ressourcen abhänge und diese durch mangelnden Schutz der Natur bedroht sei; zerstört der Mensch die Natur, dann zerstört er seine eigenen Lebensgrundlagen. In diesem Sinne wird der Natur ein rein instrumenteller Wert zugeschrieben; in der Literatur wird dieses Argument auch als *Basic-needs-Argument* bezeichnet.[137] Von anderen Anthropozentrikern wird der Schutz der Natur aus rein ästhetischen Gründen verlangt, denn neben Grundbedürfnissen kann Natur zugleich auch ästhetische Bedürfnisse befriedigen.[138] Obschon

---

[134] Krebs 1997: 338.
[135] Kant MS II: AAVI, 442.
[136] Kant MS II: AAVI, 443.
[137] Vertreter des *Basic-needs-Arguments* sind beispielsweise Martha Nussbaum (Nussbaum 1998; 1999) und John Passmore (Passmore 1980).
[138] Zu den Vertretern des *Ästhetikarguments* zählen Martin Seel (Seel 1991; 1997) und John Finnis (Finnis 1983).

der Rang ästhetischer Bedürfnisse nicht so hoch ist wie der von Grundbedürfnissen, können ästhetische Erfahrungen doch zu einem gelingenden Leben beitragen. Neben diesen beiden Argumenten werden innerhalb des Anthropozentrismus eine Reihe von weiteren Argumenten für den Naturschutz im unmittelbaren Interesse des Menschen angeführt, die den Bereich gentechnisch veränderte Lebensmittel allerdings nur peripher tangieren.[139]

Im Sinne des Anthropozentrismus muss die Anwendung der Gentechnik in der Lebensmittelproduktion dann abgelehnt werden, wenn schädliche Folgen für den Menschen nicht ausgeschlossen werden können. Gefragt wird also vor allem nach den individuellen, ökologischen und sozialen Risiken für gegenwärtig und zukünftig lebende Menschen, also beispielsweise nach der Sicherheit gentechnisch veränderter Lebensmittel.[140] Insbesondere eine Bewertung im Sinne des Basic-needs-Arguments ist in diesem Zusammenhang schwierig, denn gerade die Gentechnik zeigt, dass der Eingriff in die Natur auch mit einer Ressourcenerweiterung verbunden sein kann. Mithilfe gentechnischer Methoden kann mehr Nahrung produziert werden, d.h. es können mehr Bedürfnisse erfüllt werden. Auf der anderen Seite ist der Einsatz der Gentechnik in der Lebensmittelproduktion aber möglicherweise mit irreversiblen Folgen verbunden, die den Menschen schwer schädigen können.

Da es Vertretern des Anthropozentrismus letztlich nicht darum geht, die Natur an sich zu schützen, sondern einzig um den Schutz des Menschen, kann keine allgemeine Aussage darüber getroffen werden, ob der gentechnische Eingriff im Sinne dieser Position befürwortet oder abgelehnt werden muss. Kennzeichnend für die anthropozentrische Position ist eben, dass Risiken und Nutzen, sowie Ziele und Mittel nicht daran bemessen werden, welche Auswirkungen für die Natur an sich entstehen, sondern ausschließlich daran, inwiefern sie zu Veränderungen für den Menschen führen. Mit anderen Worten: Der Umgang des Menschen mit der nicht-menschlichen Natur ist nicht beliebig; Rücksicht ist hier aber nur insofern zu nehmen, als Interessen des Menschen berührt sind. Aus Sicht des Anthropozentrismus ist der Wert des Menschen, d.h. dessen Eigenwert nicht auf die Natur übertragbar; gegenseitige Verpflichtungen kann es daher nur zwischen Menschen geben. Eine mögliche Schutzwürdigkeit

---

[139] Für einen Überblick über die anthropozentrischen Argumente für den Naturschutz siehe z.B. Krebs 1997: 364–378; Eser 2003: 345–349.
[140] Ach 2001: 91.

der Natur kann daher nur in indirekten Pflichten bestehen, die letztlich doch *anthropo-relational*, d. h. auf den Menschen bezogen, bleiben.[141]

Von einigen Anthropozentrikern wird die These vertreten, dass die Natur mit Blick auf die Verantwortung für zukünftige Generationen geschützt werden müsse. So formuliert Günther Patzig als Grundkonzept einer ökologischen Ethik: »Wir sind moralisch verpflichtet, den künftigen Bewohnern der Erde diese in einem Zustand zu hinterlassen, der ihnen ein Leben ermöglicht, wie wir es selbst für lebenswert halten würden.«[142]

Geht man von einer anthropozentrischen Ethik aus, so ist damit noch keineswegs ausgemacht, dass die Anwendung der Gentechnik in der Lebensmittelproduktion verantwortet werden kann, wohl aber sind der Ansatzpunkt und die Kriterien benannt, von denen die Prüfung auszugehen hat.[143]

4.1.2 Physiozentrische Argumente für den Schutz der Natur

Die dem Anthropozentrismus entgegengesetzte Position ist der Physiozentrismus. Im Gegensatz zum Anthropozentrismus gehen physiozentrische Positionen davon aus, dass der Natur, unabhängig vom Menschen, ein Eigenwert zugesprochen werden muss und dass dementsprechend Schutzpflichten gegenüber der Natur um ihrer selbst willen bestehen. In der Literatur werden verschieden starke Versionen des Physiozentrismus unterschieden: der Pathozentrismus, der Biozentrismus sowie der radikale Physiozentrismus.[144]

Der Pathozentrismus (von griech. »pathos« = Leid) spricht nicht nur dem Menschen, sondern allen empfindungsfähigen Wesen einen moralischen Wert zu. Die moralische Pflicht, Leiden zu vermeiden oder zu vermindern, wird hier also auf alle Lebewesen bezogen, die ebenfalls leidensfähig sind. Oft werden pathozentrische Argumente in der Tierethik angeführt.[145] Während pathozentrische Argumente in Hinblick auf Tierexperimente oder Haltungsbedingungen von Nutztieren einschlägig sind, führen sie beim Schutz bedrohter Arten oder Ökosysteme nicht weit, da in diesen Fällen auf das Leiden individueller Tiere in der Regel keine Rück-

---

[141] Vgl. hierzu Lanzerath 2008: 153.
[142] Patzig 1983: 19.
[143] Honnefelder 2000: 27.
[144] Die verschiedenen physiozentrischen Positionen werden in der Literatur nicht einheitlich verwendet. Die folgende Darstellung orientiert sich primär an der Darstellung von Angelika Krebs. Siehe Krebs 1997: 342.
[145] Siehe beispielsweise Bentham, Introduction to the principles; Mill, Utilitarianism.

sicht genommen werden kann.[146] Der Biozentrismus (von griech. »bios« = Leben) erweitert die moralische Pflicht, Leiden zu vermeiden oder zu vermindern, auf alle Lebewesen, d. h. er billigt allen Lebewesen – ungeachtet ihrer Leidensfähigkeit – einen zu respektierenden Eigenwert zu. Einer der Hauptvertreter des Biozentrismus ist Albert Schweitzer.[147] Im Zentrum der Begründung steht bei ihm der »Wille zum Leben«. Da allem Lebendigem der Wille zum Leben eigen sei, müsse auch allem Lebendigem die gleiche »Ehrfurcht vor dem Leben« entgegen gebracht werden. Anhänger des radikalen Physiozentrismus bzw. des Ökozentrismus (auch *deep ecology* genannt) schließlich argumentieren für einen moralischen Wert der Natur als Ganzes. Diese Richtung spaltet sich noch einmal auf in eine *individualistische* sowie in eine *holistische* Variante, wobei bei ersterer die Einzeldinge der Natur, bei letzterer hingegen die Ganzheit der Natur als wertvoll erachtet werden.

Auch ein Vertreter des Physiozentrismus, der sich ja gerade dadurch auszeichnet, dass er an einem Eigenwert der Natur festhält, muss den gentechnischen Eingriff in die Natur nicht zwangsläufig ablehnen. Das Problem besteht wiederum darin, dass Naturschutz nicht bedeuten muss, dass man nicht in die Natur eingreift. Der Physiozentrist will die Natur schützen, er muss den gentechnischen Eingriff also ablehnen, sobald er der Natur schadet; der Anthropozentrist muss, wie oben skizziert, den Eingriff ablehnen, sobald er dem Menschen schadet, denn die anthropozentrische Umweltethik setzt dem gentechnischen Eingriff in die Natur keine andere Grenze als die, dass das menschliche Wohlergehen gewährleistet sein muss. Aus Sicht physiozentrischer Positionen ist die Anwendung der Gentechnik in der Lebensmittelproduktion vor allem deshalb moralisch problematisch, weil sie die – als positiv erachtete – Diversität und Mannigfaltigkeit ökologischer Systeme gefährden kann.[148] So hält beispielsweise Günter Altner das »Durchbrechen natürlicher Artschranken mittels Gentransfer«[149] losgelöst von der Frage des ökologischen und evolutionären Risikos für ethisch problematisch. Altner vertritt im Zusammenhang mit der Debatte um gentechnisch veränderte Lebensmittel eine biozentrische Ethik. Er ordnet allen Organismen, einschließlich den Pflanzen, eine Selbstzwecklichkeit zu und hält nur die menschlichen Nutzungsinteressen für zulässig, die mit dieser Selbstzwecklichkeit in Einklang zu bringen sind:

---

[146] Eser 2003: 346; Eser 2006: 11.
[147] Insbesondere Schweitzer 1966.
[148] Ach 2001: 91.
[149] Altner 1991: 214.

»Alle, auch die nicht empfindenden Organismen, sind in einem universalen Sinne Träger von Überlebensabsichten [...]. Als solche Träger von Selbstzwecken können (dürfen) sie niemals ausschließlich zum Mittel für die subjektiven Zwecke des Menschen werden. Der Mensch hat nicht nur die Zwecke seiner Mitmenschen, sondern auch die der außermenschlichen Lebensformen in sein Handlungskalkül mit einzubeziehen.«[150] Altner stellt die Gentechnik der klassischen Züchtung gegenüber: Während mittels klassischer Züchtungsmethoden eine die Artgrenzen überschreitende Genübertragung nicht möglich sei, würden diese Artgrenzen bei der Anwendung der Gentechnik in der Lebensmittelproduktion durchbrochen.[151] Das besondere Problem bei der Gentechnik besteht seiner Meinung nach darin, dass »gewissermaßen auf dem Abkürzungsweg«[152] Veränderungen erreicht werden sollten. Während die klassische Züchtung ein langwieriger und vielstufiger Prozess sei, ermögliche die Gentechnik – weit über den artbezogenen Verwandtschaftskreis hinaus – Eigenschaften aller Lebewesen auszunutzen. Altner geht von einem Subjektsein der Natur aus und fordert Respekt vor der Natur um ihrer selbst willen.[153] Seiner Meinung nach ist jede Form von Leben einzigartig und muss unabhängig von ihrem Nutzwert für den Menschen geachtet werden.[154] Er sieht die Gefahren der Anwendung der Gentechnik also primär darin, dass stabile Kulturpflanzensorten durch gentechnisch erzeugte Hochleistungssorten einfach verdrängt würden. Das menschliche Nutzungsinteresse dürfe nicht höher stehen als das Existenzrecht seltener, vom Aussterben bedrohter Arten.[155] Altner, der die Integrität der Evolution als absolutes Schutzgut sieht, das bereits durch den Eingriff in das arttypische Zusammenspiel der Gene verletzt wird, verbietet die Herstellung transgener Pflanzen also ganz unabhängig von den mit ihrer Herstellung und Freisetzung verbundenen Folgen.

4.2 Lebensmittel als Mittel zum Leben

Zur Diskussion steht, ob der Mensch mit gentechnischen Methoden in die Natur eingreifen darf. Während die einen den Schutz der Natur durch den

---

[150] Altner 1994: 17–18.
[151] Altner 1991: 214; Altner 1994.
[152] Altner 1994: 56.
[153] Altner 1994: 18.
[154] Altner 1994: 28.
[155] Altner 1994: 34.

gentechnischen Eingriff gefährdet sehen, vertreten andere den Standpunkt, dass der Mensch schon alleine um des Überlebens willen in die Natur eingreifen muss, indem er Kultur schafft. Problematisch ist dabei insbesondere, dass gerade auch der Mensch ein Naturwesen ist und es mithin sehr schwierig sein kann, die Grenzen der Natürlichkeit eindeutig zu fassen. Handelt der Mensch als Teil der Natur, so kann auch sein Handeln als natürlich bestimmt werden.

Das Wort »Natur« stammt aus dem Lateinischen (»nasci«) und bedeutet »geboren werden, entstehen, sich entwickeln«[156]. Seiner Herkunft entsprechend kann Natur also verstanden werden als »dasjenige in unserer Welt, das nicht von Menschen gemacht wurde, sondern das (weitgehend) aus sich selbst entstanden ist, neu entsteht und sich verändert.«[157] Dem Begriff der Natur entgegen gestellt werden kann der des »Artefakts«. Die den Menschen umgebende Natur, als deren Teil er sich erfährt, ist größtenteils gestaltete Natur; allenfalls in der Tiefsee, im Hochgebirge oder auf fernen Planeten finden sich noch Formen der reinen unangetasteten Natur.[158] Parks, land- und forstwirtschaftlich genutzte Flächen und sogar Naturschutzgebiete sind vom Menschen geprägte Lebensräume. Dennoch besteht weitgehend Konsens darüber, dass die Natur, die den Menschen umgibt und um deren Schutz er sich bemüht, nicht etwas von ihm *Gemachtes*, sondern eben nur etwas von ihm *Überformtes* ist.[159]

Gerade in dem Umgang mit Lebensmitteln wird deutlich, in welchem Verhältnis der Mensch zu der ihn umgebenden Natur und der von ihm zu schaffenden Kultur steht: Der Mensch kann ohne Nahrung nicht überleben und ist daher auf eine effektive und sichere Lebensmittelherstellung angewiesen.[160] Gleichzeitig ist Nahrung heutzutage jedoch nicht nur ein Lebens-, sondern auch ein Genussmittel und somit Teil der kulturellen Existenz des Menschen. Nahrung ist daher, so formuliert es Ludger Honnefelder, »Lebens-Mittel in einem umfassenden, Natur und Kultur verschränkenden Sinn.«[161] Bereits Claude Levi-Strauss hat in einer kulturanthropologischen Studie darauf hingewiesen, dass die Differenz von roh

---

[156] Vgl. hier und im folgenden Krebs 1997.
[157] Krebs 1997: 340.
[158] Krebs 1997: 340; Lanzerath 2001: 142; Eser / Potthast 1999: 14.
[159] Heine / Heyer / Pickardt 2002: 13. In diesem Zusammenhang ist auch die von Nicole Karafyllis initiierte Diskussion um »Biofakte« relevant (Karafyllis 2003). Sie geht davon aus, dass Lebewesen durch biotechnologische Interventionen in höchstem Maße künstlich sein können.
[160] Lanzerath 2001: 144.
[161] Honnefelder 2000: 22.

Gentechnisch veränderte Lebensmittel als Eingriff in die Natur

und gekocht den Menschen, gegenüber allen anderen Wesen, auszeichnet.[162] Der Umgang mit Lebensmitteln kann in diesem Sinne als Naturbewältigung und zugleich als Schaffung von Kultur beschrieben werden. Durch Ackerbau und Viehzucht wird Natur in Kultur umgeformt, ohne dabei gänzlich künstlich zu werden. Zur Diskussion steht, wie der gentechnische Eingriff in das Verhältnis von Natur und Kultur einzuordnen ist. Insofern zielt eine ethische Beurteilung des Einsatzes gentechnischer Methoden in der Lebensmittelproduktion nicht nur auf die Frage nach den ökologischen und gesundheitlichen Risiken, sondern auch auf die Einstellungen, die das Natur- und Kulturwesen Mensch zu Ernährung und Lebensmitteln grundsätzlich hat.[163]

Die Geschichte der Menschheit kann von Beginn an als eine Sozialgeschichte des Essens beschrieben werden.[164] Die Art und Weise der Lebensmittelherstellung hat sich im Laufe der Jahrhunderte immer wieder stark verändert. Während sich die Menschen noch bis Mitte des 20. Jahrhunderts weitgehend selbst versorgten, gibt es heutzutage nur noch sehr wenige Kulturkreise, die ihre Lebensmittel selbst herstellen. In Europa beispielsweise erweitert sich das Nahrungsangebot wie nie zuvor. Gerade dadurch wird aber eine Distanz zwischen Produktion und Konsum verstärkt: Was man kauft ist nicht mehr selbst angebaut, noch durch Nähe zum Produzenten vertraut, sondern auf Wegen produziert und am Markt angeliefert, die für den Konsumenten kaum durchschaubar sind.[165] In vielen Ländern ist die lebensnotwendige Funktion der Nahrung in Vergessenheit geraten. Es ist nur noch selten der Hunger, der die Nahrungswahl beeinflusst, denn Lebensmittel sind zu beliebigen Konsumgütern geworden, über die ständig verfügt werden kann. Auf der anderen Seite gibt es immer noch Kulturkreise die selten genug Nahrung haben, um sich ausreichend versorgen zu können. In diesen Kulturen ist Nahrung kein Genussmittel, sondern ausschließlich ein Mittel, um überleben zu können. Diese kulturanthropologischen Unterschiede dürfen bei der Bewertung gentechnisch veränderter Lebensmittel nicht unberücksichtigt bleiben.

---

[162] Levi-Strauss 1976.
[163] Lanzerath 2001: 145.
[164] Neumann 1998: 13.
[165] Honnefelder 2000: 23.

4.3 Der gentechnische Eingriff im Vergleich zu anderen Eingriffen in die Natur

Schon seit langer Zeit greift der Mensch durch Züchtungen in die Natur ein, um sie zu seinen Zwecken zu verändern.[166] Fraglich ist nun, ob durch die Gentechnik lediglich das Instrument, mit dessen Hilfe man züchterisch in die Natur eingreift, verfeinert wird, ohne dass sich an der grundsätzlichen Zwecksetzung des Züchtens und seiner moralischen Qualifikation etwas ändert; oder ob das gentechnische Züchten aus moralischer Perspektive anders einzuordnen ist als das traditionelle Züchten.[167]

Mit dieser Thematik beschäftigt sich u. a. Potthast, der die Kontroverse um den gentechnischen Eingriff in die Natur durch zwei miteinander verknüpfte Aspekte bestimmt sieht:[168] Erstens sei umstritten, ob mit gentechnischen Methoden gegenüber der konventionellen Züchtung eine neue Qualität der Veränderung ins Spiel komme und zweitens gehe es um die Bewertung, ob und inwiefern aufgrund dieser Vergleiche Gentechnik als moralisch problematisch oder unproblematisch eingestuft werden müsse.[169] Weitgehend Einigkeit bestehe darüber, dass der Mensch als biologische Art die Evolution mit beeinflusse und unstrittig sei zudem auch, dass alle menschlichen Aktivitäten im Gegensatz zu vergleichbaren natürlichen Ereignissen rechenschaftspflichtig seien. Potthast kritisiert die Argumentation einiger Befürworter der Gentechnik, die die Zulässigkeit gentechnischen Handelns damit begründen, dass dieses einem natürlichen Prozess gleichzusetzen sei. Das dreischrittige Argument der Gentechnikbefürworter stellt er folgendermaßen dar:[170] Zunächst wird mit wissenschaftlichen Kriterien versucht zu begründen, inwiefern und warum natürliche Prozesse und technisches Handeln nicht nur vergleichbar, sondern auch der Sache nach gleich sind. Daraus wird in einem nächsten Schritt die Schlussfolgerung gezogen, dass Risiken des technischen Handelns nicht häufiger auftreten als Risiken natürlicher Prozesse bzw. dass die Gentechnik und ihre Auswirkungen nicht anders zu bewerten sind, als natürliche Prozesse.[171] In einem dritten Schritt schließlich wird behauptet, dass gentechnische Eingriffe aufgrund ihrer Natürlichkeit erlaubt sind. Laut Potthast enthält diese

---

[166] Vgl. Abschnitt III.1.1 (Biotechnik, Gentechnik und klassische Züchtung).
[167] Thiele 2001: 111.
[168] Siehe vor allem Potthast 1999: 173–207.
[169] Potthast 1999: 177.
[170] Potthast 1999: 190–191.
[171] Potthast bezeichnet diesen zweiten Schritt als den »problematischen Übergang von deskriptiven zu evaluativen Aussagen« (Potthast 1999: 191).

naturalistische Rechtfertigung der Gentechnik, einen klassischen Sein-Sollen-Fehlschluss[172], unabhängig davon, ob es aus naturwissenschaftlicher Perspektive plausibel erscheint, bestimmte gentechnische Methoden mit Prozessen natürlicher Genübertragung in der Evolution gleichzusetzen.[173] Der Mensch bleibe in jedem Falle rechenschaftspflichtig für seine Handlungen und somit auch für technische Eingriffe in die Dynamik der Natur, selbst dann, wenn tatsächlich eine Identität zwischen natürlichen Prozessen und gentechnischen Verfahren bestehen sollte.

Auch die Argumentation einiger Gentechnikkritiker hält Potthast für nicht fehlerfrei. So sei etwa die automatische Ableitung höherer Risikopotenziale aus der Nicht-Natürlichkeit der Gentechnik problematisch.[174]

4.4 Die Frage nach der Patentierbarkeit von Natur

Ein weiterer Aspekt, über den im Kontext des gentechnischen Eingriffs in die Natur diskutiert wird, ist die Patentierung von gentechnisch veränderten Organismen bzw. gentechnisch veränderten Lebensmitteln. Ethische Fragen der sogenannten *Biopatentierung* werden auf ganz unterschiedlichen Ebenen gestellt.[175] Patente werden für Erfindungen auf allen Gebieten der Technik erteilt, sofern sie neu sind, auf einer erfinderischen Tätigkeit beruhen und gewerblich anwendbar sind.[176] Vom Patentschutz ausgeschlossen sind Pflanzensorten, Tierarten sowie im Wesentlichen biologische Verfahren zur Züchtung von Pflanzen und Tieren.[177] Diese Ausnahme gilt jedoch nicht für mikrobiologische Verfahren und die mithilfe dieser Verfahren gewonnenen Erzeugnisse: Um auch den Entwicklungen, die aus gentechnischen Anwendungen hervorgehen, Patentschutz zu gewähren, wurde das internationale Patentrecht in den vergangenen Jahren dahin gehend reformiert, dass die veränderten Organismen und die dafür angewen-

---

[172] Als einen Sein-Sollen-Fehlschluss bzw. einen naturalistischen Fehlschluss bezeichnet man in der Ethik den Schluss von einem Sein ohne Angabe einer normativen Prämisse auf ein Sollen.
[173] Potthast 1999: 179.
[174] Potthast 1999: 191.
[175] Ein Patent ist ein wirtschaftspolitisches Instrument, welches der Innovations-Förderung dienen soll und dem Erfinder die Möglichkeit bietet, eine angemessene Belohnung für seine der Allgemeinheit nützlichen Dienste zu erhalten. Ganz ähnlich wie beim Copyright soll eine originäre Leistung belohnt werden. Für eine gute Einführung in die ethische Kontroverse um Biopatente siehe vor allem die Beiträge in Baumgartner / Mieth 2003.
[176] Patentgesetz: § 1 Absatz 1.
[177] Patentgesetz: § 2 Absatz 2.

deten Techniken patentiert werden können.[178] Weder das deutsche noch das europäische Patentrecht verbieten die Patentierung von Pflanzen oder Tieren, lediglich der Patentschutz für Pflanzensorten bzw. Tierarten ist ausgeschlossen. Vor diesem Hintergrund wird darüber diskutiert, ob biologisches Material, das mithilfe eines technischen Verfahrens aus seiner natürlichen Umgebung isoliert oder hergestellt wird, als Gegenstand einer Erfindung gelten kann, oder ob vielmehr nur Verfahren oder Verwendungen patentierbar sind.

Der Patentierung von »Lebensformen, also von Pflanzen und Tieren, sowie deren Teilen, Genen etc.«[179] werden von vielen Seiten große Bedenken entgegen gebracht. Insbesondere Vertreter des Biozentrismus und holistischer Positionen, die an einem Eigenwert der Natur festhalten, stehen der Patentierung gentechnisch veränderter Organismen kritisch gegenüber. So wird argumentiert, dass das Einzigartige des Lebens gerade darin zu sehen sei, dass »Leben nicht erfunden, nicht vollkommen beschrieben und nicht nachgebaut«[180] werden könne und daher nicht ins Patentsystem passe. Die Patentierung der Natur stellt aus Sicht biozentrisch und holistisch argumentierender Positionen einen unzulässigen Akt der Instrumentalisierung und Herabwürdigung von Lebensformen dar, der mit deren Eigenwert unvereinbar sei. Auch auf gesellschaftspolitischer und ökonomischer Ebene werden negative Auswirkungen der Patentierung von gentechnisch veränderten Organismen erwartet. Befürchtet wird beispielsweise, dass mithilfe dieser Patente die wirtschaftliche Kontrolle über natürliche Ressourcen in die Hände weniger Unternehmen und Forschungsinstitute fällt, was laut Meinung der Patentkritiker zur Folge habe, dass Entwicklungsländern die Möglichkeit der freien Nutzung und Züchtung ihrer natürlichen Ressourcen entzogen werde.[181] Ein Standardargument gegen die Patentierung von Genen bzw. die Patentierung von mithilfe der Gentechnik gewonnenen Erzeugnissen lautet, dass diese deshalb nicht patentierbar seien, weil es sich dabei um Entdeckungen und nicht um Erfindungen handle, da die Stoffe selbst in der Natur bereits existierten.[182] Eine Entdeckung wird verstanden als das Auffinden oder die Erkenntnis von bislang unbekannten, in der Natur aber schon vorhandenen Stoffen, Wirkungszusammenhängen und Eigenschaften.[183] Der Begriff »Erfindung«

---

[178] Nilles 2003: 139.
[179] Nilles 2003: 139.
[180] Breyer o.J.: 41.
[181] Nilles 2003: 139.
[182] Rippe 2003: 104.
[183] Rippe 2003: 104.

hingegen ist nicht eindeutig definiert. Daher ist bei vielen Phänomenen nicht klar, ob sie als Entdeckungen oder als Erfindungen zu klassifizieren sind. Patentbefürworter hingegen betonen, dass derjenige, der mit technischen Mitteln einen bisher nicht bekannten Naturstoff isoliere und der Öffentlichkeit zur Verfügung stelle, eine Erfindung gemacht habe.[184] Sie verweisen auf die ökonomischen und gesellschaftspolitischen Aspekte des Patentschutzes und gehen davon aus, dass dieser Anreize für Innovationen und Investitionen schaffe, den technischen und züchterischen Fortschritt fördere und der Veröffentlichung von Ideen und Erfindungen diene, die sonst möglicherweise geheim gehalten worden wären.[185]

4.5 Zusammenfassung

Der Einblick in die naturethische Diskussion zeigt: Aus naturethischer Perspektive besteht ein moralisches Gebot, die Natur zu schützen. Wie dieser Naturschutz aussehen muss, bleibt umstritten. Die Anwendung der Gentechnik ist grundsätzlich nur dann legitim, wenn sie der Natur nicht schadet. Unabhängig davon, ob die Natur nun um ihrer selbst willen oder im Interesse des Menschen geschützt werden soll, muss also Klarheit über die Folgen des gentechnischen Eingriffs in die Natur geschaffen werden. Vergleiche zwischen der Gentechnik und anderen Methoden mittels derer in die Natur eingegriffen wird, laufen Gefahr in einem Sein-Sollen-Fehlschluss zu enden. Grundsätzlich ist die Methode des Vergleichs aber angebracht. Die Diskussion um die moralische Zulässigkeit der Patentierung gentechnisch veränderter Organismen zeigt zudem, dass sich die Gefahr einer Instrumentalisierung der Natur auf der einen und die Innovationsförderung durch Patente auf der anderen Seite unvereinbar gegenüberstehen.

5. Ausblick

Die ethische Debatte über die Anwendung der Gentechnik in der Lebensmittelproduktion zeigt, wie komplex die Thematik und wie schwierig eine Positionierung ist. Aus ethischer Sicht stellen sich u.a. die folgenden Fra-

---

[184] Herrlinger / Jorasch / Wolter 2003: 250.
[185] Ach 2001: 92; Herrlinger / Jorasch / Wolter 2003: 245.

gen: Ist der Mensch auf die Anwendung der Gentechnik in der Lebensmittelproduktion angewiesen oder sind die konventionellen Methoden zur Lebensmittelproduktion ausreichend? Ist es moralisch geboten, den Einsatz der Gentechnik mit Blick auf unabsehbare Risiken *vorsorglich* abzulehnen, oder mit Blick auf den zu erwartenden Nutzen zu befürworten? Wird der Mensch seiner Verantwortung für zukünftige Generationen gerecht, indem er mehr Nahrung durch Gentechnik produziert, dabei aber möglicherweise natürliche Ressourcen zerstört, oder indem er Lebensmittel weiterhin konventionell herstellt? Sind Gentechnik und Naturschutz vereinbar oder schließen sich die beiden Begriffe aus?

Auf allen drei Diskussionsebenen – Ziel-Mittel-Analyse, Risikoanalyse und Bewertung des gentechnischen Eingriffs in die Natur – werden wertvolle Argumente vorgebracht. Bei der Ziel-Mittel-Analyse gehen die Meinungen nicht nur darüber auseinander, welche Ziele des gentechnischen Eingriffs legitim sind, sondern auch darüber, wie realistisch es ist, dass die jeweiligen Ziele mit dem Mittel Gentechnik erreicht werden. Diskutiert wird in diesem Zusammenhang vor allem die Frage, ob mithilfe der Gentechnik eine Verbesserung der (Ernährungs-)Situation in den sogenannten Entwicklungsländern erzielt werden kann. Bei der Risikoanalyse schließlich unterscheiden sich Befürworter und Kritiker darin, dass sie Risiko und Nutzen divergent bewerten. Da heutzutage kaum noch jemand bestreitet, dass der gentechnische Eingriff mit unvorhersehbaren Effekten verbunden sein kann, hat sich die Kontroverse auf dieser Ebene in den letzten Jahren verlagert: Diskutiert wird nicht mehr darüber, ob das *synergistische* oder das *additive Risikomodell* zugrunde gelegt werden muss, sondern vielmehr darüber, wie der gentechnische Eingriff auf Grundlage der Erkenntnis, dass es unbeabsichtigte Folgen geben kann, zu bewerten ist. Während Kritiker aufgrund dieser unabsehbaren Folgen eine *vorsorgliche* Ablehnung des gentechnischen Eingriffs fordern, gehen Befürworter davon aus, dass diese Risiken mithilfe geeigneter Prüfungs- und Zulassungsverfahren kontrollierbar bzw. umgehbar sind. Im Zusammenhang mit der Zulassung bzw. dem Inverkehrbringen neuartiger Lebensmittel wird dabei insbesondere über das *Kriterium der substanziellen Äquivalenz* diskutiert. Nahezu einig sind sich die Diskussionsteilnehmer darin, dass sich der Einzelne *frei und informiert* für oder gegen die Anwendung der Gentechnik in der Lebensmittelproduktion entscheiden können sollte. Von vielen Seiten wird daher eine *Kennzeichnungspflicht* gefordert. Dass die Folgen des gentechnischen Eingriffs grundsätzlich auch die Personen treffen können, die den Verzehr gentechnisch veränderter Nahrungsmittel ablehnen, wird dabei als problematisch eingestuft. Die umweltethische Debatte wiederum lässt erkennen, mit welchen Schwierigkeiten die Bewertung des gentechnischen Eingriffs in die Natur verbunden ist, wobei besonders die Frage der Biopatentierung eine große Rolle spielt.

Literaturverzeichnis

Ach, Johann S. (2001): »Natürlichkeit« als Wert? Zur Revalidierung naturethischer Überzeugungen im Kontext der Diskussion um die Gentechnik. In: Lege, Joachim (Hg.): Gentechnik im nicht-menschlichen Bereich – was kann und was sollte das Recht regeln? Berlin: Arno Spitz, 52–89.

Ach, Johann S. (2003): Ethische Analyse und Auslegeordnung zum Thema »Auswirkungen der Biotechnologie auf Entwicklungs- und Schwellenländer«. URL http://www.ekah.admin.ch/uploads/media/d-RIBios-Analyse-Ach-2003.pdf [04. März 2009].

Altner, Günter (1991): Natur-Vergessenheit. Darmstadt: Wissenschaftliche Buchgesellschaft.

Altner, Günter (1994): Ethische Aspekte der gentechnischen Veränderung von Pflanzen. In: Van den Daele, Wolfgang / Pühler, Alfred / Sukopp, Herbert (Hg.): Verfahren zur Technikfolgenabschätzung des Anbaus von Kulturpflanzen mit gentechnisch erzeugter Herbizidresistenz. Heft 17. Berlin: papers, 1–78.

Apel, Karl-Otto (1997): Kommunikationsethik als Verantwortungsethik im Zeitalter der Wissenschaft und Technik. In: Bender, Wolfgang / Gassen, Hans Günter / Platzer, Katrin / Sinemus, Kristina (Hg.): Gentechnik in der Lebensmittelproduktion – Wege zum interaktiven Dialog. Band 71 der TUD-Schriftenreihe Wissenschaft und Technik. Darmstadt: Lehrdruckerei der TU Darmstadt, 19–40.

Arbeitsgemeinschaft Tropische und Subtropische Agrarforschung (2006): Gentechnikforschung für den Nutzpflanzenbau in Entwicklungsländern. URL https://www.uni-hohenheim.de/atsaf/download/Gruene%20Gentechnikmit%20Logo24-11-2006.pdf [06. März 2009].

Banse, Gerhard / Bechmann, Gotthard (1998): Interdisziplinäre Risikoforschung. Opladen: Westdeutscher Verlag.

Baumgartner, Christoph / Mieth, Dietmar (Hg.) (2003): Patente am Leben? Ethische, rechtliche und politische Aspekte der Biopatentierung. Paderborn: mentis.

Bayerische Landesanstalt für Landwirtschaft (2004): Anbau gentechnisch veränderter Pflanzen (GVP): Auswirkungen auf den Verbrauch von Pflanzenschutzmitteln und Bewertung möglicher Veränderungen hinsichtlich der Belastung von Umwelt und des Naturhaushaltes. Studie im Auftrag des Bayerischen Staatsministeriums für Umwelt, Gesundheit und Verbraucherschutz (StMUGV). URL http://www.lfl.bayern.de/publikationen/daten/schriftenreihe_url_1_10.pdf [05. März 2009].

Beckerman, Wilfried (2000): The precautionary principle and our obligations to future generations. In: Morris, Julian (Hg.): Ret hinking risk and the precautionary principle. Oxford: Butterworth, 46–59.

Beckerman, Wilfried (2006): Ein Mangel an Vernunft. Nachhaltige Entwicklung und Wirtschaftswachstum. Berlin: Liberal Verlag.

Bender, Wolfgang / Gassen, Hans G. / Platzer, Katrin / Sinemus, Kristina (Hg.) (1996):

Gentechnik in der Lebensmittelproduktion – Wege zum interaktiven Dialog. Band 71 der TUD-Schriftenreihe Wissenschaft und Technik. Darmstadt: Lehrdruckerei der TU Darmstadt.

Bentham, Jeremy: An introduction to the principles of morals and legislation [1789]. New York 1948: Hafner.

Berlin-Brandenburgische Akademie der Wissenschaften (Hg.) (2007): Grüne Gentechnologie. Aktuelle Entwicklungen in Wissenschaft und Wirtschaft. Forschungsberichte der Interdisziplinären Arbeitsgruppen der Berlin-Brandenburgischen Akademie der Wissenschaften. Band 16. München: Elsevier.

Bernhardt, Marion / Weber, Barbara / Tapesser, Beatrix (1991): Gutachten zur biologischen Sicherheit bei der Nutzung der Gentechnik. Büro für Technikfolgenabschätzung beim Deutschen Bundestag. Bonn.

Biernoth, Gerhard / Steinhart, Hans (1998): Art. Lebensmittel gentechnisch veränderte, 1. Zum Problembestand. In: Korff, Wilhelm (Hg.): Lexikon der Bioethik, Bd. 2. Gütersloh: Gütersloher Verlagshaus, 554–555.

Birnbacher, Dieter (1991): Menschen und Natur. Grundzüge der ökologischen Ethik. In: Bayertz, Kurt (Hg.): Praktische Philosophie. Grundorientierungen angewandter Ethik. Reinbek: Rowohlt, 278–321.

Bonß, Wolfgang (1995): Vom Risiko. Unsicherheit und Ungewißheit in der Moderne. Hamburg: Hamburger Edition.

Braun, Thorsten / Elstner, Marcus (Hg.) (1999): Gene und Gesellschaft. Heidelberg: Deutsches Krebsforschungszentrum.

Breyer, Hiltrud (o. J.): Materialien zur Gentechnologie – morgen. URL http://www.hiltrud-breyer.eu/hbreyer/fe/pub/de/dct/119 [16. Februar 2008].

Bücking, Elisabeth (2001): Grüne Gentechnik im ethischen Widerstreit. In: Fulda, Ekkehard / Jany, Klaus-Dieter / Käuflein, Albert (Hg.): Gemachte Natur. Orientierungen zur Grünen Gentechnik. Karlsruhe: G. Braun Buchverlag, 95–105.

Busch, Roger J. / Haniel, Anja / Knoepfler, Nikolaus / Wenzel, Gerhard (2002): Grüne Gentechnik. Ein Bewertungsmodell. München: Herbert Utz Verlag.

Busch, Roger J. / Prütz, Gernot (2008) (Hg.): Biotechnologie in gesellschaftlicher Deutung. München: Herbert Utz Verlag.

Busch, Roger J. / Scholderer, Joachim / Gutscher, Heinz (2008): Biotechnologie in gesellschaftlicher Deutung: Intuitionen, Emotionen, soziales Vertrauen und Wertvorstellungen im gesellschaftlichen Diskurs zur Biotechnologie. In: Busch, Roger J. / Prütz, Gernot (Hg.): Biotechnologie in gesellschaftlicher Deutung. München: Herbert Utz Verlag, 305–374.

CRIIGEN (2007): New analysis of a rat feeding study with a genetically modified maize reveals signs of hepatorenal toxicity. In: Archives of environmental contamination and toxicology 52(4), 596–602.

Dannenberg, Astrid / Scatasta, Sara / Sturm, Bodo (2008): Does mandatory labeling of genetically modified food grant consumers the right to know? Evidence from an economic experiment. Zentrum für europäische Wirtschaftsforschung. Discussion Paper No. 08-029. URL ftp://ftp.zew.de/pub/zew-docs/dp/dp08029.pdf [02. März 2009].

Deutsche Forschungsgemeinschaft (1996): Gentechnik und Lebensmittel, Stellungnahme vom 1. März 1996. In: Genforschung – Therapie, Technik, Patentierung. Mittei-

Literaturverzeichnis

lung 1 der Senatskommission für Grundsatzfragen der Genforschung. Weinheim: Wiley-VCH Verlag.

Deutsche Forschungsgemeinschaft (2001): Gentechnik und Lebensmittel. Weinheim: Wiley-VCH Verlag.

Düwell, Marcus (2006): Art. Angewandte oder Bereichsspezifische Ethik. In: Düwell, Marcus / Hübenthal, Christoph / Werner, Micha H. (Hg.): Handbuch Ethik. Stuttgart: J. B. Metzler, 243–297.

Düwell, Marcus / Hübenthal, Christoph / Werner, Micha H. (Hg.) (2006): Handbuch Ethik. Stuttgart: J. B. Metzler.

Eidgenössische Ethikkommission für die Gentechnik im ausserhumanen Bereich (2003): Studie – Bedeutung der Substanziellen Äquivalenz für die Beurteilung von gentechnisch veränderten Lebens- und Futtermitteln. URL http://www.ekah.admin.ch/uploads/media/d-Studie-gtvLebens-Futtermittel-2003_01.pdf [25. Januar 2009].

Eidgenössische Ethikkommission für die Gentechnik im ausserhumanen Bereich (2004): Gentechnik und Entwicklungsländer. URL http://www.ekah.admin.ch/uploads/media/d-Broschure-Gentechnik-Entwicklungslaender-2004_03.pdf [04. März 2009].

Engels, Eve-Marie (2005): Gentechnik in der Landwirtschaft – Fragen und Reflexionen aus ethischer Perspektive. In: Potthast, Thomas / Baumgartner, Christoph / Engels, Eve-Marie (Hg.): Die richtigen Maße für die Nahrung. Reihe Ethik in den Wissenschaften Band 17. Tübingen: Francke Verlag, 19–40.

Enquete-Kommission (1987): Bericht der Enquete-Kommission »Chancen und Risiken der Gentechnologie«. Deutscher Bundestag, Drucksache 10/6775.

Eser, Uta (2003): Einschluss statt Ausgrenzung – Menschen und Natur in der Umweltethik. In: Düwell, Marcus / Steigleder, Klaus (Hg.): Bioethik. Eine Einführung. Frankfurt a. M.: Suhrkamp, 344–353.

Eser, Uta / Potthast, Thomas (1999): Naturschutzethik. Baden-Baden: Nomos.

Eser, Uta / Müller, Albrecht (Hg.) (2006): Umweltkonflikte verstehen und bewerten. Ethische Urteilsbildung im Natur- und Umweltschutz. München: oekom Verlag.

Europäische Union (1997): Verordnung (EG) Nr. 258/97 des Europäischen Parlaments und des Rates vom 27. Januar 1997 über neuartige Lebensmittel und neuartige Lebensmittelzutaten. Amtsblatt Nr. L 043 vom 14/02/1997, 0001–0006.

EU-Freisetzungsrichtlinie – Richtlinie 2001/18/EG des Europäischen Parlaments und des Rates vom 12. März 2001 über die absichtliche Freisetzung genetisch veränderter Organismen in die Umwelt und zur Aufhebung der Richtlinie 90/220/EWG. In: Amtsblatt der Europäischen Gemeinschaften, Nr. L 106/1 vom 17. April 2001, 1–38. [zitiert als Freisetzungs-Richtlinie (2001/18/EG)].

FAO (2004): The gene revolution: great potential for the poor, but no panacea. URL http://www.fao.org/newsroom/en/news/2004/41714/index.html [05. März 2009].

FAO / WHO (1996): Biotechnology and food safety. Report of a Joint FAO/WHO Consultation. Paper 61; Rome, Italy, 30. September bis 04. Oktober 1996.

FAO / WHO (2002): Report of the third session of the codex ad hoc intergovernmental task force on foods derived from biotechnology. URL ftp://ftp.fao.org/codex/alinorm03/Al03_34e.pdf [03. März 2009].

Finnis, John (1983): Fundamentals of Ethics. Washington, D.C.: Georgetown University Press.

Fulda, Ekkehard / Jany, Klaus-Dieter / Käuflein, Albert (Hg.) (2001): Gemachte Natur. Orientierungen zur Grünen Gentechnik. Karlsruhe: G. Braun Buchverlag.
Gassen, Hans Günter et al. (1991): Gutachten zur Biologischen Sicherheit bei der Nutzung der Gentechnik. Darmstadt.
GfK Marktforschung (2007): Verbraucher sehen Gentechnik kritisch. Ergebnisse der GfK-Studie zur Gentechnik. URL http://www.gfk.com/imperia/md/content/presse/pd_gentechnik_dfin.pdf [02. März 2009].
Gloede, Fritz / Bechmann, Gotthard / Hennen, Leo / Schmitt, Joachim (1993): Biologische Sicherheit bei der Nutzung der Gentechnik. Büro für Technikfolgenabschätzung beim Deutschen Bundestag. Endbericht, TAB-Arbeitsbericht Nr. 20.
Goethe, Tina (2004): Fact Sheet: Gentechnologie gibt keine Antwort auf den Hunger. URL http://www.gentechnologie.ch/papiere/fs_hunger.pdf [05. März 2009].
Greenpeace (2005): Kranke Mäuse zeigen: Gen-Erbse ist nicht gleich Erbse. URL http://www.greenpeace.de/themen/gentechnik/nachrichten/artikel/kranke_maeuse_zeigen_gen_erbse_ist_nicht_gleich_erbse/ [03. März 2009].
Greiner, Ralf (1998): Forschungsstand und Einsatzmöglichkeiten der Gentechnik im Nahrungsmittelbereich. In: Haniel, Anja / Schleissing, Stephan / Anselm, Reiner (Hg.): Novel Food. München: Utz, 27–39.
Grunwald, Armin (2002): Technikfolgenabschätzung – eine Einführung. Berlin: edition sigma.
Grunwald, Armin (2006): Art. Technikethik. In: Düwell, Marcus / Hübenthal, Christoph / Werner, Micha H. (Hg.): Handbuch Ethik. Stuttgart: J. B. Metzler, 283–287.
Hammond, B. / Lemen, J. / Dudek, R. / Ward, D. / Jiang, C. / Nemeth, M. / Burns, J. (2002): Results of a 90-day safety assurance study with rats fed grain from corn rootworm-protected corn. In: Food and Chemical Toxicology 44(2), 147–160.
Hampel, Jürgen (2008): Der Konflikt um die grüne Gentechnik – Diskursverfahren und öffentliche Meinung. In: Busch, Roger J. / Prütz, Gernot (Hg.): Biotechnologie in gesellschaftlicher Deutung. München: Herbert Utz Verlag, 59–89.
Haring, Michael (2003): Blick ins Labor. In: Hiß, Christian (Hg.): Der GENaue Blick. Grüne Gentechnik auf dem Prüfstand. München: Ökom Verlag, 13–23.
Hartl, Jochen (2008), Die Nachfrage nach genetisch veränderten Lebensmitteln. Giessener Schriften zur Agrar- und Ernährungswirtschaft. Heft 34. Giessen: DLG Verlag. Zugl. Dissertation an der Universität Giessen.
Heine, Nicole / Heyer, Martin / Pickardt, Thomas (2002): Basisreader der Moderation zum Diskurs Grüne Gentechnik des Bundesministeriums für Verbraucherschutz, Ernährung und Landwirtschaft – BMVEL. URL http://www.transgen.de/pdf/diskurs/reader.pdf [15. September 2008].
Herrlinger, Christoph / Jorasch, Petra / Wolter, Frank P. (2003): Biopatentierung – eine Beurteilung aus Sicht der Pflanzenzüchtung. In: Baumgartner, Christoph / Mieth, Dietmar (Hg.): Patente am Leben? Ethische, rechtliche und politische Aspekte der Biopatentierung. Paderborn: mentis, 245–257.
Herrmann, Roland / Kubitzki, Sabine / Henseleit, Meike / Henkel, Tobias (2008): Lebensmittelkennzeichnung »ohne Gentechnik«: Verbraucherwahrnehmung und -verhalten. URL http://www.keine-gentechnik.de/fileadmin/files/Infodienst/Dokumente/08_12_uni_giessen_umfrage_ohne_gentechnik.pdf [02. März 2009].
Honnefelder, Ludger (2000): Novel Food – Zu den ethischen Aspekten der gentech-

nischen Veränderungen von Lebensmitteln. In: Nordrhein-Westfälische-Akademie der Wissenschaften (Hg.): Natur-, Ingenieur- und Wirtschaftswissenschaften Vorträge N 446. Wiesbaden: Westdeutscher Verlag, 20–34.

Irrgang, Bernhard / Göttfert, Michael / Kunz, Matthias / Lege, Joachim / Rödel, Gerhard / Vondran, Ines (2000): Gentechnik in der Pflanzenzucht. Eine interdisziplinäre Studie. Dettelbach: Verlag J. H. Röll.

Kant, Immanuel: Gesammelte Schriften. Begonnen von der Königlich Preußischen Akademie der Wissenschaften. 1. Abteilung Bd. I-IX. Berlin 1900–1955 (zitiert AA).

Karafyllis, Nicole C. (2003): Das Wesen der Biofakte. In: Karafyllis, Nicole C. (Hg.): Versuch über den Menschen zwischen Artefakt und Lebewesen. Paderborn: mentis, 11–26.

Kollek, Regine (1997): Der Weg des Diskurses über die Risiken der Gentechnik. In: Bender, Wolfgang / Gassen, Hans G. / Platzer, Katrin / Sinemus, Kristina (Hg.): Gentechnik in der Lebensmittelproduktion. Wege zum interaktiven Dialog. Band 71 der TUD-Schriftenreihe Wissenschaft und Technik. Darmstadt: Lehrdruckerei der TU Darmstadt, 155–176.

Kommission der Europäischen Gemeinschaften (2000): Mitteilung der Kommission über die Anwendbarkeit des Vorsorgeprinzips vom 2. Februar 2000. URL http://eur-lex.europa.eu/LexUriServ/site/de/com/2000/com2000_0001de01.pdf [27. Januar 2009].

Krebs, Angelika (1996): Ökologische Ethik I: Grundlagen und Grundbegriffe. In: Nida-Rümelin, Julia (Hg.): Angewandte Ethik. Stuttgart: Alfred Kröner Verlag, 346–381.

Krebs, Angelika (1997): Naturethik im Überblick. In: Krebs, Angelika (Hg.): Naturethik. Grundtexte der gegenwärtigen tier- und ökoethischen Diskussion. Frankfurt a. M.: Suhrkamp, 337–379.

Kress, Hartmut (1998): Art. Lebensmittel gentechnisch veränderte, 3. Ethisch. In: Korff, Wilhelm (Hg.): Lexikon der Bioethik, Bd. 2. Gütersloh: Gütersloher Verlagshaus, 557–558.

Kues, Wilfried A. / Schiemann, Joachim (2002): Transgene Tiere und Pflanzen. Techniken und Anwendungen, Ethik und Risiken, rechtliche Grundlagen. Gießen: Fachverlag Köhler.

Lanzerath, Dirk (2001): Gentechnik. Ethische Kriterien bei der Beurteilung ihrer Anwendungsfelder. In: Fricke, Werner (Hg.): Jahrbuch Arbeit und Technik. Bonn: Verlag J. H. W. Dietz, 138–156.

Lanzerath, Dirk (2008): Der Wert der Biodiversität: Ethische Aspekte. In: Lanzerath, Dirk / Mutke, Jens / Barthlott, Wilhelm / Baumgärtner, Stefan / Becker, Christian / Spranger, Tade M. (2008): Biodiversität. Sachstandsberichte des DRZE 5. Freiburg: Verlag Karl Alber, 147–197.

Levi-Strauss, Claude (1976): Mythologica. Bd. I. Das Rohe und das Gekochte. Frankfurt a. M.: Suhrkamp.

Luhmann, Niklas (1990): Soziologische Aufklärung 5 – Konstruktivistische Perspektiven. Opladen: Westdeutscher Verlag.

Mieth, Dietmar (2003): Patente am Leben? Biopatente in sozialethischer Perspektive. In: Baumgartner, Christoph / Mieth, Dietmar (Hg.): Patente am Leben? Ethische, rechtliche und politische Aspekte der Biopatentierung. Paderborn: mentis, 77–98.

Mill, John S.: Utilitarianism. London, 1861.

Millstone, Erik / Brunner, Eric / Mayer, Sue (1999): Beyond Substantial Equivalence. In: Nature 401, 525–526.

Mohr, Hans (2001): Grüne Gentechnik in der Diskussion. In: Fulda, Ekkehard / Jany, Klaus-Dieter / Käuflein, Albert (Hg.): Gemachte Natur. Orientierungen zur Grünen Gentechnik. Karlsruhe: G. Braun Buchverlag, 13–21.

Neumann, Gerhard (1998): Eßgewohnheiten im kulturellen Wandel. In: Haniel, Anja / Schleissing, Stephan / Anselm, Reiner (Hg.): Novel Food. Dokumentationen eines Bürgerforums zur Gentechnik und Lebensmitteln. München: Herbert Utz Verlag, 13–26.

Nida-Rümelin, Julian (1996a): Ethik des Risikos. In: Nida-Rümelin, Julian (Hg.): Angewandte Ethik: die Bereichsethiken und ihre theoretische Fundierung. Ein Handbuch. Stuttgart: Kröner Verlag, 806–831.

Nida-Rümelin, Julian (1996b): Ethik des Risikos. In: Jahrbuch für Wissenschaft und Ethik. Berlin: De Gruyter, 61–64.

Nida-Rümelin, Julian (1996c) (Hg.): Angewandte Ethik: die Bereichsethiken und ihre theoretische Fundierung. Ein Handbuch. Stuttgart: Kröner Verlag.

Nida-Rümelin, Julian (2005): Ethik des Risikos. In: Nida-Rümelin, Julian. (Hg.): Angewandte Ethik. Die Bereichsethiken und ihre theoretische Fundierung. Ein Handbuch. 2. Aufl. Stuttgart: Alfred Kröner Verlag, 863–885.

Nilles, Bernd (2003): Biopatente bedrohen die Ernährungssicherheit. In: Hiß, Christian (Hg.): Der GENaue Blick. Grüne Gentechnik auf dem Prüfstand. München: Ökom Verlag, 139–155.

Novel Food-Verordnung – Verordnung (EG) Nr. 258/97 des Europäischen Parlaments und des Rates vom 27. Januar 1997 über neuartige Lebensmittel und neuartige Lebensmittelzutaten [zitiert als Novel Food-Verordnung].

Nuffield Council on Bioethics (2003): The use of genetically modified crops in developing countries a guide to the Discussion Paper. URL http://www.nuffieldbioethics. org/fileLibrary/pdf/GM_Crops_short_version_FINAL.pdf [04. März 2009].

Nussbaum, Martha C. (1998): Menschliches Tun und soziale Gerechtigkeit. In: Steinfath, Holmer (Hg.): Was ist ein gutes Leben? Frankfurt a.M.: Suhrkamp, 196–246.

Nussbaum, Martha C. (1999): Gerechtigkeit oder das gute Leben. Frankfurt a.M.: Suhrkamp.

OECD (2002): Consensus document on compositional considerations for new varieties of maize (Zea Mays): Key food and feed nutrients, anti-nutrients and secondary plant metabolites. Series on the safety of novel foods and feeds No. 6. URL http://www. olis.oecd.org/olis/2002doc.nsf/LinkTo/NT00002F66/$FILE/JT00130429.PDF [03. März 2009].

Passmore, John (1980): Man's responsibility for nature. Ecological problems and western traditions. 2. Auflage London: Duckworth.

Patentgesetz: Patentgesetz (PatG) in der Fassung der Bekanntmachung vom 16. Dezember 1980 (Bundesgesetzblatt 1981 I, 1), zuletzt geändert durch Artikel 2 des Gesetzes vom 7. Juli 2008 (Bundesgesetzblatt 2008 I, 1191).

Patzig, Günther (1983): Ökologische Ethik – innerhalb der Grenzen bloßer Vernunft. Vortragsreihe der Niedersächsischen Landesregierung. Heft 64. Göttingen: Vandenhoeck und Ruprecht.

Pfordten, Dietmar v. d. (1996): Ökologische Ethik. Zur Rechtfertigung menschlichen Verhaltens gegenüber der Natur. Hamburg: Rowohlt.

Potthast, Thomas (1999): Die Evolution und der Naturschutz: zum Verhältnis von Evolutionsbiologie, Ökologie und Naturethik. Reihe Campus Forschung 777. Frankfurt a. M.: Campus.

Potthast, Thomas (2000): Wo sich Biologie, Ethik und Naturphilosophie treffen (müssen): epistemologische und moralphilosophische Aspekte der Umweltethik. In: Ott, Konrad / Gorke, Martin (Hg.): Spektrum der Umweltethik. Marburg, 101–147.

Potthast, Thomas (2002): Art. Umweltethik. In: Düwell, Marcus / Hübenthal, Christoph / Werner, Micha H. (Hg.) (2002): Handbuch Ethik. Stuttgart: J. B. Metzler, 292–296.

Potthast, Thomas / Baumgartner, Christoph / Engels, Eve-Marie (2005) (Hg.): Die richtigen Maße für die Nahrung. Reihe Ethik in den Wissenschaften Band 17. Tübingen: Francke Verlag.

Prescott, Vanessa E. / Campbell, Peter M. / Moore, Andrew / Mattes, Joerg / Rothenberg, Marc E. / Foster, Paul S. / T. J. V. Higgins / Hogan, Simon P. (2005): Transgenic expression of bean r-Amylase inhibitor in peas results in altered structure and immunogenicity. In: Journal for Agriculture and Food Chemistry 53, 9023–9030.

Pühler, Alfred / Küster, Helge (1998): Art. Biotechnik. Naturwissenschaftlicher Teil. In: Korff, Wilhelm (Hg.): Lexikon der Bioethik, Bd. 1. Gütersloh: Gütersloher Verlagshaus, 390–395.

Rath, Benjamin (2008): Ethik des Risikos – Begriffe, Situationen, Entscheidungstheorien und Aspekte. Beiträge zur Ethik und Biotechnologie, Band 4. Bern: Bundesamt für Bauten und Logistik BBL.

Rehmann-Sutter, Christoph (2006): Art. Bioethik. In: Düwell, Marcus / Hübenthal, Christoph / Werner, Micha H. (Hg.) Handbuch Ethik. Stuttgart: J. B. Metzler, 247–253.

Renn, Ortwin (2005): Risikokommunikation – der Verbraucher zwischen Information und Irritation. In: TAB – Büro für Technikfolgen-Abschätzung beim Deutschen Bundestag (Hg.): Risikoregulierung bei unsicherem Wissen: Diskurse und Lösungsansätze. Diskussionspapier 11. URL http://www.tab.fzk.de/de/projekt/zusammenfassung/dp11.pdf [24. Januar 2009], 51–72.

Rio-Deklaration (1992): Erklärung von Rio zu Umwelt und Entwicklung. URL http://www.agenda21.nrw.de/download/rio_deklaration_umwelt_entwicklung.pdf [27. Januar 2009].

Rippe, Klaus-Peter (2001): Vorsorge als umweltethisches Leitprinzip. Bericht der Eidgenössischen Ethikkommission für die Gentechnik im ausserhumanen Bereich. URL http://www.ekah.admin.ch/fileadmin/ekah-dateien/dokumentation/gutachten/d-Gutachten-Vorsorge-Leitprinzip-2001.pdf [27. Januar 2009].

Rippe, Klaus-Peter (2003): Biopatente – eine ethische Analyse. In: Baumgartner, Christoph / Mieth, Dietmar (Hg.): Patente am Leben? Ethische, rechtliche und politische Aspekte der Biopatentierung. Paderborn: mentis, 99–116.

Schell, Thomas v. / Hampel, Jürgen (2005): »Grüne Gentechnik« im öffentlichen Diskurs. In: Potthast, Thomas / Baumgartner, Christoph / Engels, Eve-Marie (Hg.): Die richtigen Maße für die Nahrung. Reihe Ethik in den Wissenschaften Band 17. Tübingen: Francke Verlag, 99–113.

Schütte, Gesinde / Stirn, Susanne / Beusmann, Volker (Hg.) (2001): Transgene Nutzpflanzen. Sicherheitsforschung, Risikoabschätzung und Nachgenehmigungs-Monitoring. Basel: Birkhäuser Verlag.
Schweitzer, Albert (1966): Die Lehre von der Ehrfurcht vor dem Leben. München: Beck.
Seel, Martin (1991): Eine Ästhetik der Natur. Frankfurt a. M.: Suhrkamp.
Seel, Martin (1997): Ästhetische und moralische Anerkennung der Natur. In: Krebs, Angelika (Hg.): Naturethik. Grundtexte der gegenwärtigen tier- und ökoethischen Diskussion. Frankfurt am Main: Suhrkamp, 307–330.
Seiler, Achim (1998): Biotechnologie und Dritte Welt. Problemzusammenhänge und Regelungsansätze. In: Wechselwirkung 92, 32–45.
Seitz, Heike / Eikmann, Thomas (2005): Kapitel VIII-2.4.3: Gesundheitsrisiken durch gentechnisch veränderte Pflanzen (GVP) für den Menschen. URL http://www.vdi. de/fileadmin/media/content/kfbt/13.pdf [04. März 2009].
Siep, Ludwig (1993): Ethische Probleme der Gentechnologie. In: Ach, J. S. / Gaidt, A. (Hg.): Herausforderung der Bioethik. Stuttgart: Verlag, 137–156.
Shiva, Vandana (2002): Biopiraterie. Kolonialismus des 21. Jahrhunderts. Eine Einführung. Münster: Unrast Verlag.
Skorupinski, Barbara (1997): Von der Nicht-Existenz des Risikos – Ein Kommentar zu den Ausführungen der Deutschen Forschungsgemeinschaft zum Thema Gentechnik/Biotechnologie in ihrer Denkschrift »Forschungsfreiheit«. In: Wechselwirkung, 42–45.
Skorupinski, Barbara (1999): Gentechnik in der Pflanzenzüchtung als Gegenstand ethischer Reflexion. In: Braun, Thorsten / Elstner, Marcus (Hg.): Gene und Gesellschaft. Heidelberg: Deutsches Krebsforschungszentrum, 109–122.
Skorupinski, Barbara (2003): Novel Food: ethische Perspektiven. In: Düwell, Marcus / Steigleder, Klaus (Hg.): Bioethik. Eine Einführung. 1. Aufl. Frankfurt am Main: Suhrkamp, 379–387.
Skorupinski, Barbara (2005): Neuartige Lebensmittel aus gentechnisch veränderten Organismen – Ethische Fragestellungen in der öffentlichen Debatte. In: Potthast, Thomas / Baumgartner, Christoph / Engels, Eve-Marie (Hg.): Die richtigen Maße für die Nahrung. Reihe Ethik in den Wissenschaften Band 17. Tübingen: Francke Verlag, 263–286.
Skorupinski, Barbara / Ott, Konrad (2000): Technikfolgenabschätzung und Ethik. Eine Verhältnisbestimmung in Theorie und Praxis. Zürich: Vdf Hochschulverlag.
Skorupinski, Barbara / Ott, Konrad (2002): Partizipative Technikfolgenabschätzung als ethisches Erfordernis. In: TA-Swiss (Zentrum für Technologiefolgen-Abschätzung und Schweizerischer Nationalfonds) (Hg.) Document de Travail TA-DT 31/2002.
Spangenberg, Joachim H. (2002): Gentechnik und Welternährung – Versprechen machen nicht satt. Beitrag für den Diskurs Gentechnik des BMVEL, 11. Juni 2002. URL http://www.transgen.de/pdf/diskurs/Spangenberg_manuskript.pdf [05. März 2009].
Speer, Christopher (1999): Dimensionen des Bedarfs und der Funktion von Ethik in der Politikberatung. In: Grunwald, Armin / Saupe, Stephan (Hg.): Ethik in der Technikgestaltung. Praktische Relevanz und Legitimation. Berlin: Springer, 45–62.
Sprenger, Ute (2008): Die Heilsversprechen der Gentechnikindustrie – ein Realitäts-Check. Studie im Auftrag des BUND. URL http://www.bund.net/fileadmin/ bundnet/publikationen/gentechnik/20081200_gentechnik_gentechnik_studie_ heilsversprechen.pdf [05. März 2009].

Literaturverzeichnis

Steinmüller, Rolf (1999): Lebensmittelanalytik (Teil 2): Denn wir wissen nicht mehr was wir essen. URL http://www.hygiene-info.de/BAG/PDF/9925.pdf [17. Juni 2009].

Stone, Glenn D. (2002): Biotechnology and suicide in india. URL http://www.artsci. wustl.edu/~anthro/research/biotech_suicide.html [04. März 2009].

Thiele, Felix (2001): Moralische Probleme der Grünen Gentechnik. In: Fulda, Ekkehard / Jany, Klaus-Dieter / Käuflein, Albert (Hg.): Gemachte Natur. Orientierungen zur Grünen Gentechnik. Karlsruhe: G. Braun Buchverlag, 106–116.

Totz, Sigried (2008): Umfrage zeigt: Verbraucher wollen Milch ohne Gentechnik. URL http://www.greenpeace.de/themen/gentechnik/nachrichten/artikel/umfrage_zeigt_verbraucher_wollen_milch_ohne_gentechnik/ [24. Januar 2009].

TransGen (2009): Lebensmittel – wo ist Gentechnik drin? URL http://www.transgen. de/pdf/kompakt/sortiment.pdf [17. Juni 2009].

Union der Deutschen Akademien der Wissenschaften – Kommission Grüne Gentechnik (2004): Gibt es Risiken für den Verbraucher beim Verzehr von Nahrungsprodukten aus gentechnisch veränderten Pflanzen? URL http://www.akademienunion.de/_files/memorandum_gentechnik/memorandum_gruene_gentechnik.pdf [04. März 2009].

Van den Daele, Wolfgang / Pühler, Alfred / Sukopp, Herbert (1996): Grüne Gentechnik im Widerstreit. Modell einer partizipativen Technikfolgenabschätzung zum Einsatz transgener herbizidresistenter Pflanzen. Weinheim: VCH.

Van den Daele, W. (1998): Annäherungen an einen uneingeschränkten Diskurs. Argumentationen in einer partizipativen Technikfolgenabschätzung. In: Jahrbuch für Wissenschaft und Ethik 3. Berlin: de Gruyter, 15–32.

Van den Daele (2001): Zur Reichweite des Vorsorgeprinzips – rechtliche und politische Perspektiven. In: Lege, Joachim (Hg.): Gentechnik im nicht-menschlichen Bereich – was kann und was sollte das Recht regeln? Berlin: Berlin Verlag Arno Spitz GmbH, 101–125.

Verordnung über genetisch veränderte Lebensmittel und Futtermittel – Verordnung (EG) Nr. 1829/2003 des Europäischen Parlaments und des Rates vom 22. September 2003 über genetisch veränderte Lebensmittel und Futtermittel. In: Amtsblatt der Europäischen Union, Nr. L 268/1 vom 18.10.2003, 64–66 [zitiert als Verordnung über genetisch veränderte Lebensmittel und Futtermittel].

Wissenschaftlerkreis Grüne Gentechnik e.V. (2005): Der Abbruch einer australischen Studie zur Sicherheitsbewertung gentechnisch veränderter Erbsen belegt die Zuverlässigkeit des Systems. Stellungnahme. URL http://www.wgg-ev.de/2005/11/der-abbruch-einer-australischen-studie-zur-sicherheitsbewertung-gentechnisch-veranderter-erbsen-belegt-die-zuverlassigkeit-des-systems/ [03. März 2009].

WHO (2004): Mit der Ungewissheit umgehen – wie kann das Vorsorgeprinzip die Zukunft unserer Kinder schützen helfen? Arbeitspapier EUR/04/5046267/11 vom 28. April 2004. URL http://www.euro.who.int/document/hms/gdoc11.pdf [24. Januar 2009].

WHO (2005): Modern food biotechnology, human health and development: an evidence-based study. URL http://www.who.int/foodsafety/publications/biotech/biotech_en.pdf [05. März 2009].

Zwick, Michael (2008): »Grüne« Gentechnik in der Wahrnehmung der Öffentlichkeit. In: Busch, Roger J. / Prütz, Gernot (Hg.): Biotechnologie in gesellschaftlicher Deutung. München: Herbert Utz Verlag, 263–288.

Hinweise zu den Autoren und Herausgebern

Bert Heinrichs, Dr. phil., Leiter der Wissenschaftlichen Abteilung des Deutschen Referenzzentrums für Ethik in den Biowissenschaften (DRZE), Bonn. Anschrift: DRZE, Bonner Talweg 57, D-53113 Bonn. URL http://www.drze.de

Klaus-Dieter Jany, Prof. Dr. rer. nat., Vizepräsident der Wadi-International-University (Syria). Anschrift: Wadi-International-University (Syria), P.O.Box 100, Hwash-Homs (Syria)

Dirk Lanzerath, Dr. phil., Geschäftsführer des Deutschen Referenzzentrums für Ethik in den Biowissenschaften (DRZE), Bonn. Anschrift: DRZE, Bonner Talweg 57, D-53113 Bonn. URL http://www.drze.de

Rudolf Streinz, Prof. Dr. iur., Lehrstuhl für Öffentliches Recht und Europarecht an der Ludwig-Maximilians-Universität München. Anschrift: Institut für Politik und Öffentliches Recht Raum 101 Ludwigsstr. 28, Rückgebäude, 80539 München. URL http://www.jura.uni-muenchen.de/

Dieter Sturma, Prof. Dr. phil., Professor für Philosophie an der Universität Bonn sowie Direktor des Deutschen Referenzzentrums für Ethik in den Biowissenschaften (DRZE), des Instituts für Wissenschaft und Ethik (IWE) und des Instituts für Ethik in den Neurowissenschaften (INM-8) am Forschungszentrum Jülich. Anschrift: DRZE, Bonner Talweg 57, D-53113 Bonn. URL http://www.drze.de

Lisa Tambornino, M.A. (phil.), Wissenschaftliche Mitarbeiterin des Deutschen Referenzzentrum für Ethik in den Biowissenschaften (DRZE) sowie des Instituts für Ethik in den Neurowissenschaften (INM-8) am Forschungszentrum Jülich. Anschrift: DRZE, Bonner Talweg 57, D-53113 Bonn. URL http://www.drze.de